现代化的绿色屏障

王子安◎主编

汕頭大學出版社

图书在版编目（C I P）数据

现代化的绿色屏障 / 王子安主编. -- 汕头 : 汕头大学出版社, 2012.4（2024.1重印）
ISBN 978-7-5658-0680-3

Ⅰ. ①现… Ⅱ. ①王… Ⅲ. ①农业技术－普及读物 Ⅳ. ①S-49

中国版本图书馆CIP数据核字(2012)第057653号

现代化的绿色屏障 XIANDAIHUA DE LÜSE PINGZHANG

主　　编：王子安
责任编辑：胡开祥
责任技编：黄东生
封面设计：君阅天下
出版发行：汕头大学出版社
　　　　　广东省汕头市汕头大学内　邮编：515063
电　　话：0754-82904613
印　　刷：唐山楠萍印务有限公司
开　　本：710mm×1000mm　1/16
印　　张：12
字　　数：76千字
版　　次：2012年4月第1版
印　　次：2024年1月第2次印刷
定　　价：55.00元
ISBN 978-7-5658-0680-3

青少年是我们国家未来的栋梁，是实现中华民族伟大复兴的主力军。一直以来，党和国家的领导人对青少年的健康成长教育都非常关心。对于青少年来说，他们正处于博学求知的黄金时期。除了认真学习课本上的知识外，他们还应该广泛吸收课外的知识。青少年所具备的科学素质和他们对待科学的态度，对国家的未来将会产生深远的影响。因此，对青少年开展必要的科学普及教育是极为必要的。这不仅可以丰富他们的学习生活、增加他们的想象力和逆向思维能力，而且可以开阔他们的眼界、提高他们的知识面和创新精神。

《现代化的绿色屏障》一书主要给大家讲述的是科学技术给人类的生产活动所带来的积极作用。如水稻旱作技术能够起到节水的作用和效果、飞机播种技术可以大大提高农业生产率、降低农作物的生产成本，人工种子技术可以使农业生产形态获得多样性发展，而农业遥感技术给农业资源调查与动态监测、生物产量估计、农业灾害预报与灾后评估方面带来的积极影响等。

本书属于“科普·教育”类读物，文字语言通俗易懂，给予读者一般性的、基础性的科学知识，其读者对象是具有一定文化知识程度与教育水平的青少年。书中采用了文学性、趣味性、科普性、艺术性、文化性相结合的语言文字与内容编排，是文化性与科学性、自然性与人文性相融合的科普读物。

此外，本书为了迎合广大青少年读者的阅读兴趣，还配有相应的图文解说与介绍，再加上简约、独具一格的版式设计，以及多元素色彩的内容编排，使本书的内容更加生动化、更有吸引力，使本来生趣盎然的知识内容变得更加新鲜亮丽，从而提高了读者在阅读时的感官效果。

尽管本书在编写过程中力求精益求精，但是由于编者水平与时间的有限、仓促，使得本书难免会存在一些不足之处，敬请广大青少年读者予以见谅，并给予批评。希望本书能够成为广大青少年读者成长的良师益友，并使青少年读者的思想能够得到一定程度上的升华。

2012年3月

CONTENTS 目录

第一章 话说农业的起源

中国古代的农业……3
世界古代的农业……6
水稻的起源……9
小麦的起源……13
中国的五谷杂粮……16
农业古籍介绍……20

第二章 几种常见的农作物

玉　米……25
大　麦……30
荞　麦……33
大　豆……37
小　豆……40
绿　豆……42
蚕　豆……44

第三章 农业的科技化

人工降水……49
有机农业……54
微生物农药……61
杂交水稻……68
激光育种……75
无土栽培……78
无机化肥……87
生态农业……91

CONTENTS

第四章 农业科学技术

水稻旱作技术……………………101

飞机播种技术……………………108

人工种子技术……………………113

农业遥感技术……………………117

组织培养技术……………………123

绿色农药……………………131

空间诱变育种……………………139

第五章 农业与高科技的结合

计算机成了农业的专家…………149

智能化农业装备…………………155

农业机器人……………………163

信息化农业……………………169

激光在农业上的应用……………176

以菌灭虫……………………180

炮灭虫……………………183

第一章

话说农业的起源

农业是人们利用动植物体的生活机能，把自然界的物质和能转化为人类需要的产品的生产部门。现阶段的农业分为植物栽培和动物饲养两大类。土地是农业中不可替代的基本生产资料，劳动对象主要是有生命的动植物，生产时间与劳动时间不一致，受自然条件影响大，有明显的区域性和季节性。农业是人类衣食之源、生存之本，是一切生产的首要条件。它为国民经济和其他部门提供粮食、副食品、工业原料、资金和出口物资。

从世界范围看，农业起源的中心主要有3个：西亚、中南美洲和东亚。东亚起源中心主要就是中国。从中国自身的范围看，农业也并非从一个中心起源向周围扩散，而是由若干源头发源汇合而成的。中国的古代农业，就是由这些不同地区、不同民族、不同类型的农业融汇而成，并在他们的相互交流和碰撞中向前发展的。这一章，我们就来谈一下农业的相关知识。

中国古代的农业

中国的农业历史非常悠久，在还没有文字记载的中国远古时代，农业就出现了。我国关于农业的最古老的传说中是“神农氏”。传说神农氏是农业的发明者。在神农氏之前，远古人们吃的是爬虫走兽、果菜螺蚌，过着采集和渔猎的生活。后来，人口逐渐增加，食物不足，迫切需要开辟新的食物来源。神农氏为此遍尝百草，历尽艰辛，终于选择出可供人们食用的谷物。接着他又观察天时地利，创制斧斤耒耜，教会人们种植谷物，于是农业出现了。这种传说是农业发生和确立的时代留下的史影。

现代考古学为我们了解我国农业的起源和原始农业的状况提供了丰富的新资料。目前已经发现了成千上万的新石器时代原始农业的遗址，遍布在从岭南到漠北、从东海之滨到青藏高原的辽阔大地上，尤以黄河流域和长江流域最为密集。著名的有距今七八千年的河南新郑裴李岗和河北武安磁山以种粟为主的农业聚落、距今七千年左右的浙江余姚河姆渡以种稻为主的农业聚落，以及稍后的陕西西安半坡遗址等。由此可见，我国农业的起源可以追溯到距今一万年以前，到了距今七八千年，原始农业已经相当发达了。下面，我们来谈一下几个具有代表性的原始农业文化遗址。

陕西西安半坡遗址博物馆

（1）磁山文化遗址

中国华北地区的早期新石器文化。因1933年首次发现于河北武安磁山而命名。磁山文化大约出现在前5400 ~ 前5100年，该文化与裴李岗文化关系密切，有人把两者连称为“裴李岗·磁山文化”。其发现，填补了中国早期新石器时代文化的重要缺口。磁山遗址共发掘灰坑468个，其中88个长方形的窖穴底部堆积有粟灰，层厚为0.3~2米，有10个窖穴的粮食堆积厚近2米以上，数量之多，堆积之厚，在我国发掘的新石器时代文化遗存中是不多见的。粟的出土尤其是粟的标本公诸于世之后，引起了国内外专家的极大重视。以往认为粟起源于埃及、印度，磁山遗址粟的出土，提供了我国粟出土年代为最早的证据。这一发现，把我国黄河流域植粟的记录提前到距今7000多年，填补了前仰韶文化的空白，也修正了目前世界农业史中对植粟年代的认识。

（2）河姆渡文化遗址

中国南方早期新石器时代遗址，1973年开始发掘，是我国目前已发现的最早的新石器时期文化遗址之一。河姆渡遗址两次考古发掘的大多数探坑中都发现20 ~ 50厘米厚的稻谷、谷壳、稻叶、茎杆和木屑、苇编交互混杂的堆积层。稻谷出土时色泽金黄、颖脉清晰、芒刺挺直，经专家鉴定属栽培水稻的原始粳、籼混合种，以籼稻为主。伴随稻谷一起出土的还有大量农具、主要是骨耜，有170件，其中有2件骨耜柄部还留着残木柄和捆绑的藤条。骨耜的功能类似后世的铲，是翻土农具，这说明河姆渡原始稻作农业已进入“耜耕阶段”。当时的稻田分布在发掘区的北面和东面，面积约6万平方米，最高总产为18.1吨。河姆渡原始稻作农业的发现纠正了中国栽培水稻的粳稻从印度传入、籼稻从日本传入的传统说法，在学术界树立了中国栽培水稻是从本土起源的观点，而且起源地不会只有一个的多元观点，从而极大地拓宽了农业起源的研究领域。

磁山文化遗址

新石器时代石斧

仰韶文化时期的石斧

（3）仰韶文化

约距今7000~5000年，以关中、豫西、晋南一带为中心，东至河南东部和河北，南达汉江中下游，北到河套地区，西及渭河上游和洮河流域，都发现了它的遗址。仰韶文化农业生产水平有了显著的提高，突出标志之一是出现了面积达几万、十几万以至上百万平方米的大型村落遗址。主要作物仍为粟黍，亦种大麻，晚期有水稻，此外还发现了蔬菜种子的遗存。农业工具除石斧、石铲、石锄外，木耒和骨铲等获得较广泛的应用，收获主要用石刀、陶刀，在谷物加工方面，石磨盘逐步被杵臼所代替。

世界古代的农业

全世界一共有三个主要的农业起源地。一个是中国，中国原始农业具有明显的特点。在种植业方面，很早就形成北方以粟黍为主、南方以水稻为主的格局，不同于西亚以种植小麦、大麦为主，也不同于中南美洲以种植马铃薯、倭瓜和玉米为主。中国的原始农具，如翻土用的手足并用的直插式的耒耜，收获用的掐割谷穗的石刀，也表现了不同于其他地区的特色。一个在西亚，就是现在的伊拉克及其周围地区。这个地方是小麦与大麦的起源地，也是绵羊和山羊的起源地。这种农业叫做有畜农业。这类栽培农业分两种，一种是有畜农业，一种是无畜农业——就是只有栽培作物，不养家畜。西亚的农业是有畜农业，这种农业发展到一定阶段，便产生了两河流域的文明，就是古苏美尔、阿卡德和后面的巴比伦。这种农业传到尼罗河流域，产生了古埃及文明；传播到印度河流域，产生了古印度文明。因此这个以小麦、大麦为基础的农业，传播

范围相当广，在历史上起了非常大的作用。第三个是在美洲，美洲是玉米的起源地。我们中国现在也大量地种植玉米，玉米是在明代传到中国来的。美洲的农业是无畜农业，它没有家畜。它是以玉米为主体，还有南瓜、豆类等为辅。

（1）欧亚大陆的早期农业

在古代埃及，人们利用尼罗河的水和肥沃的土壤，种植小麦、大麦和蓖麻等，埃及人还栽培棕榈。除了公牛和马外，他们还饲养家禽、绵羊、山羊和猪。在印度北部的印度文明时期，他们种植小麦、大麦和水稻，栽培棉花、芝麻、茶树和甘蔗，还驯化了鸡，水牛等用来耕种田地。农民使用犁，修建了很好的灌溉系统和很大的谷仓。

（2）古代美洲的农业

尼罗河流域一景

在古代中美洲——现在的墨西哥等地，在公元前2500年左右玉米驯化前，中美洲的人还是到处打猎，耕种只是随便种种而已。公元250年到1600年，墨西哥和中美洲等地产生了玛雅-托尔铁克-阿芝特克文明，人们用玉米做杂交来提高产量，还种植豆类、南瓜、胡椒、鳄梨、烟草和棉花。他们建有水渠和水上花园，还发展了干旱农业，发明了保持水分的耕作技术。

蓖 麻

（3）古希腊和罗马

从公元前2000年开始，希腊人就栽培粮食作物，主要是大麦，还种植橄榄树、无花果和葡萄，饲养牲畜。希腊人发明了水车用来从低处向高处提水。古罗马人发明了一些铁制工具，如犁、镰、锄等，提高了地中海地区的农业技术水平。他们种植小麦、大麦、谷子、葡萄，饲养动物。

橄榄树

水稻的起源

稻米也叫稻或水稻，是一种谷物，我国南方俗称其为“稻谷”“谷子”，脱壳后的稻谷是大米。煮熟后，北方称米饭，南方叫白饭。水稻主要种植在亚洲、欧洲南部、热带美洲及非洲部分地区。总产量占世界粮食作物产量第三位，低于玉米和小麦。2004年被联合国确定为“国际稻米年”。稻的主要生产国是中国、印度、日本、孟加拉国、印度尼西亚、泰国、缅甸、越南、巴西、韩国、菲律宾和美国。

水稻源于亚洲和非洲的热带和亚热带地区。中国是世界上水稻栽培历史最悠久的国家，据浙江余姚河姆渡发掘考证，早在六七千年前就已种植水稻。而最新的考古资料表明，中国水稻的栽培历史可追溯到远古时期的湖南。1993年在湖南道县玉蟾岩遗址发现了世界最早的古栽培稻，距今约14000～18000年。水稻在中国广为栽种后，逐渐向西传播到印度，中世纪进入欧洲南部。

水稻

稻米在国外也有悠久的食用历史。如，印度产稻的历史也相当悠久。印度的稻米之王称为“印度香米”。稻米是泰国主要的出口品，而泰国是全球最大的稻米出口国。农耕节是泰国主要节日，其中的耕田播种仪式最为重要，以期盼五谷丰收。阿尔稻米节是法国阿尔当地庆祝稻米收成的节庆，在每年九月中旬一连三天举行。庆祝活动包括选出“稻米皇后”“花车巡游”等。在日本，米糠可以榨油，米糠油被作为一种美白圣品。此外，米糠也能腌菜，甚至单独成为一道菜，叫做炒米糠。

稻米按品种可分为籼米、粳米、糯米三类；按加工精度可分为特等米、标准米；按产地或颜色可分为白米、红米、紫红米、血糯、紫黑米、黑米等；按收获季节分为早、中、晚三季稻；按种植方法分为水稻、旱稻。加工之后，稻米的种类主要有糙米、胚芽米、白米、预熟米、营养强化米、速食米、有机米、免淘洗米、蒸谷米。

稻米是中国人的主食之一，氨基酸、蛋白质的含量十分丰富。大米可提供丰富的B族维生素；具有补中益气、健脾养胃、益精强志、和五

糯　米

米 饭

脏、通血脉、聪耳明目、止烦止渴止泻的功效；适宜一切体虚之人、高热之人、久病初愈、妇女产后、老年人、婴幼儿等人群。稻米的食用禁忌主要有：糖尿病患者不宜多食；唐代的学者孟诜认为“粳米不可同马肉食，会发瘤疾”，也“不可和苍耳食，会令人卒心痛”；清代的学者王孟英认为“炒米虽香，但性燥助火”，因而“非中寒便泻者忌之”。

大米种类

糙米：稻谷去除稻壳后的稻米，保留了八成的产物比例。营养价值较胚芽米和白米较高，但浸水和煮食时间也较长。

糙 米

胚芽米：糙米加工后去除糠层保留胚

及胚乳，保留了七成半的产物比例，是糙米和白米的中间产物。

白米：（即我们平时食用的白米或大米）糙米经继续加工，碾去皮层和胚（即细糠），基本上只剩下胚乳，保留了七成的产物比例。市场上最主要的类别。

速食米：食米经加工处理，可以开水浸泡或经短时间煮沸，即可食用。

有机米：水稻栽种过程中，不施用化学合成农药及化学肥料，采用有机式（以天然萃取物或浸泡汁液防治病虫害、施用有机肥料等）管理，种植生产的稻米，经加工所得的食米。

免淘洗米：免淘稻米是一种清洁干净、晶莹整齐、符合卫生要求，不必淘洗就可以直接蒸煮食用的大米。

蒸谷米：经清理、浸泡、蒸煮、烘干等处理后，再按常规碾米方法加工的大米。

蒸谷米

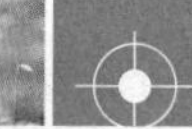

小麦的起源

小麦是小麦属植物的统称，是一种在世界各地广泛种植的禾本科植物，最早起源于中东的新月沃土地区。小麦别名浮小麦，又称淮小麦，我国各地均有栽培。夏季采收成熟果实，晒干，去皮壳备用。小麦根据对温度的要求不同，分冬小麦和春小麦。在我国黑龙江、内蒙古和西北，种植春小麦；在辽东、华北、新疆南部、陕西、长江流域各省及华南一带栽种冬小麦。北方人种麦子用漫撒的方法，南方人种麦子用撮撒的方法，所以北方的麦子皮薄但面多，南方的麦子则刚好相反。小麦的世界产量和种植面积，居于栽培谷物的首位。生产小麦最多的国家有苏联、美国、加拿大和阿根廷。

小 麦

小麦含大量淀粉、蛋白质、粮类、脂肪、粗纤维、少量谷甾醇、卵磷脂、精氨酸、淀粉酶、麦芽糖酶、蛋白酶、维生素B等。小麦适宜心血不足的失眠多梦、心悸不安、多呵欠、喜悲伤欲哭者食用，也适宜妇人回乳时食用；另外，患有脚气病、末梢神经炎者宜食小麦；体虚自汗盗汗多汗者，宜食浮小麦。小麦的医药功能是养心安神、除烦、益气、除热、止汗。可以治疗心神不宁、失眠、妇女脏躁、烦躁不安、精神抑郁、悲伤欲哭、自汗盗汗、小便不利、痈肿、外伤出血及烫伤等疾病。

小麦可煎汤，煮粥，制成面食常服；存放时间适当长些的面粉比新磨的面粉的品质好，民间有“麦吃陈，米吃新”的说法；面粉与大米搭配着吃最好；对妇女脏燥患者，小麦宜与大枣、甘草同食；对自汗盗汗，小麦宜与大枣、黄芪同食。值得注意的是：小麦面畏汉椒、萝菔。

甘 草　　大 枣　　黄 芪

农业百花园

优质小麦的种植

（1）注意选择高肥水地块。高产优质小麦品种宜选择地力高、水浇条件好的地块，要增施有机肥，采用配方施肥技术。

（2）注意适期晚播，根据品种特性，确定适宜的基本苗。要防止播量过大，以免造成后期管理被动。

（3）注意防止倒伏，重施起身拔节肥。对于目前种植的群体过大的麦田，在返青至拔节前须进行一次化控处理，可喷施多效唑或麦业丰。要重施起身拔节肥，控制多余下落穗的形成，促进穗大粒多。

（4）注意浇好灌浆水、麦黄水，喷施叶面肥，防止早衰。天气干旱，运用麦黄水，有利于下茬套种，防止早衰。

（5）注意防治病虫害。优质小麦更易遭受病虫害，如小麦纹枯病、白粉病，蚜虫比常规品种发生早且重。应根据预测预报，及早防治。

小麦纹枯病

小麦白粉病

麦叶上的蚜虫

中国的五谷杂粮

五谷有两种说法：一说是稻、黍、稷、麦、菽，另一说是黍、稷、麻、麦、菽。其中除麻以外的五种都是粮食作物。稻、黍、稷、麦、菽、麻是中国传统作物。“谷”原来是指有壳的粮食，如象稻、稷（jì）、黍（亦称黄米）等外面都有一层壳。谷字的音是从壳的音来的。

五谷是粮食作物的统称。“五谷”之说出现于春秋、战国时期，《论语·微子》中说：“四体不勤，五谷不分”。《皇帝内经》中认为五谷即“粳米、小豆、麦、大豆、黄黍”，而在《孟子·腾文公》中称五谷为“稻、黍、稷、麦、菽”，在佛教祭祀时又称五谷为“大麦、小麦、稻、小豆、胡麻”，李时珍在《本草纲目》中记载谷类有33种，豆类有14种，总共47种之多。现在通常说的五谷，是指稻谷、麦子、高粱、大豆、玉米，而习惯地将米和面粉以外的粮食称作杂粮，所以五谷也泛指粮食作物。

胡麻开花

“五谷”最早的解释是汉朝人写的。汉人和汉以后人的解释主要有两种：一种说法是稻、黍（即玉米，

珍珠黍

也包括黄米）、稷（即粟）、麦、菽（即大豆），见于古书《周礼·职方氏》；另一种说法是麻（指大麻）、黍、稷、麦、菽，见于古书《淮南子》。把这两种说法结合起来，共有稻、黍、稷、麦、菽、麻六种主要作物。战国名著《吕氏春秋》里有四篇专门谈论农业的文章，其中《审时》篇谈论栽种禾（稷）、黍、稻、麻、菽、麦的得时失时的利弊。很明显，稻、黍、稷、麦、菽、麻就是当时的主要作物。所谓五谷，就是指这些作物，或者指这六种作物中的五种。如今，“五谷”已泛指各种主食食粮，一般统称为粮食作物，或者称为“五谷杂粮”，包括谷类（如水稻、小麦、玉米等），豆类（如大豆、蚕豆、豌豆、红豆等），薯类（如红薯、马铃薯）以及其他杂粮。

红　豆

五谷中的粟、黍等作物，由于具有耐旱、耐瘠薄、生长期短等特性，因而在北方旱地占有特别重要的地位。在《周礼·地官·仓人》中有：“仓人掌粟之入藏。”稷是如此重要，以致于周族祖先弃因善种庄稼，当上农官，称为“后稷”。稷被尊为百谷之长，位居五谷之首，与土地一道作为国家的代名词——社稷。至春秋、战国时期，菽与粟成了当时人们不可缺少的粮食。

秦汉时小麦的产量有很大的提高，又被尊为五谷之首。人们发现宿麦（冬麦）能利用晚秋和早春的生长季节进行种植，并能起到解决青黄

甘薯

龙爪稷

不接的作用，加上这时发明了石圆磨，麦子的食用从粒食发展到面食，使麦子受到了人们普遍的重视，从而发展成为主要的粮食作物之一。圣人在五谷之中最重视麦与禾。西汉时期的农学家赵过、氾胜之等都曾致力于在关中地区推广小麦种植。

唐宋以前，北方的人口多于南方的人口。但唐宋以后，情况发生了变化，人口的增长主要集中于东南地区。宋代南方人口已超过北方，此后至今一直是南方人口密度远大于北方。南方人口的增加是与水稻生产分不开的。水稻很适合于雨量充沛的南方地区种植，但最初被排除在五谷之外。唐宋以后，水稻在全国粮食供应中的地位日益提高，据明代宋应星的估计，当时在粮食供应中，水稻占十分之七，居绝对优势，大小麦、黍、稷等粮作物合在一起，也只占十分之三的比重，已退居次要地位。而大豆和大麻也已退出粮食作物的范畴，只作为蔬菜来利用。明代末年，玉米、甘薯、马铃薯相继传入中国，并成为现代中国主要粮食作物的重要组成部分。

五谷里的粟脱壳制成的粮食叫做“小米”（因其粒小，直径1毫米左右，故名小米），原产于中国北方黄河流域，是中国古代的主要粮食作物，而且历史学界依据古人的食物类别将夏代、商代称为“粟文化”时期。粟耐旱，品种繁多，俗称“粟有五彩”，有白、红、黄、黑、橙、紫各种颜色的小米。中国最早的酒也是用小米酿造的。粟适合在干旱而缺乏灌溉的地区生长，其茎、叶较坚硬。粟在中国北方俗称谷子，南方则称稻为谷子。我国古代的先民在饮食上讲究膳食平衡，有所谓的“五谷为养、五果为助、五畜为益、五菜为充”的说法。其中，“五谷”含的营养成分主要是碳水化合物，其次是植物蛋白质，脂肪含量不高。

古代酿酒

农业古籍介绍

★《齐民要术》

《齐民要术》是我国现存的第一部完整的农书，作者是北朝的贾思勰。全书共10卷，92篇，内容相当丰富，涉及面极广，包括各种农作物的栽培，各种经济林木的生产，以及各种野生植物的利用等等。同时，书中还详细介绍了各种家禽、家畜、鱼、蚕等的饲养和疾病防治，并把农副产品的加工（如酿造）以及食品加工、文具和日用品生产等形形色色的内容都囊括在内。因此，《齐民要术》对我国农业研究具有重大意义。

★《农桑辑要》

《农桑辑要》是我国现存最早的官修农书，全书共7卷，6万余字。其内容以北方农业为对象，农耕与蚕桑并重。卷一典训，记述农桑起源及文献中重农言论和事迹；卷二耕垦、播种，包括总论整地、选种和种子处理及作物栽培各论；卷三栽桑；卷四养蚕；卷五瓜菜、果实；卷六竹木、药草；卷七孳畜、禽鱼等。本书在继承前代农书的基础上，对北方地区精耕细作和栽桑养蚕技术有所提高和发展；对于经济作物如棉花

棉　花

苎　麻

和苎麻的栽培技术尤为重视。这在当时是一本实用性较强的农书。

★《农书》

《农书》，元代王祯著，37卷，13万多字，是元代总结中国农业生产经验的一部农学著作，是一部从全国范围内对整个农业进行系统研究的巨著。《农书》能兼论南北农业技术，对土地利用方式和农田水利叙述颇详，并广泛介绍各种农具，是一本很有价值的书籍。

★《农政全书》

《农政全书》，明代徐光启编定。全书基本上囊括了古代农业生产和人民生活的各个方面，而其中又贯穿着一个基本思想，即治国治民的“农政”思想。这也是此书不同于其他大型农书的特色之所在。该书系统总结了历代农业、手工业积累的经验，并参照吸收西方自然科学知识，在博采古今农学大成的基础上有所创新，达到了传统农业科学的顶峰。

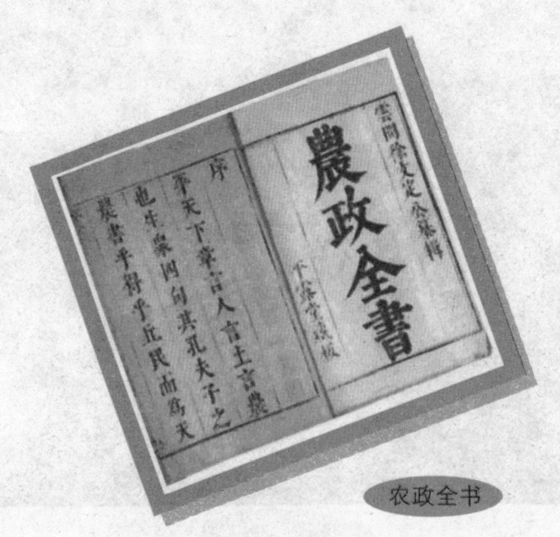

农政全书

第二章

几种常见的农作物

农作物指农业上栽培的各种植物。农作物栽培的历史各有不同，东南亚开始于公元前6800—4000年；近东和欧洲开始于公元前6500—3500年；在中美洲和秘鲁，大约开始于在公元前2500年。

农作物包括粮食作物、经济作物、工业原料作物、饲料作物、药用作物等。粮食作物以水稻、豆类、薯类、青稞、蚕豆、小麦为主要作物；经济作物以油籽、蔓青、大芥、胡麻、大麻、向日葵等为主；蔬菜作物主要有萝卜、白菜、芹菜、韭菜、蒜、葱、胡萝卜、菜瓜、莲花菜、菊芋、刀豆、芫荽、莴笋、黄花、辣椒、黄瓜、西红柿等；果类有梨、苹果、桃、杏、核桃、李子、樱桃、草莓、林檎等品种，野生果类有酸梨、野杏、毛桃、苞瑙、山樱桃、沙棘、草莓等。饲料作物如玉米、绿肥、紫云英。嗜好作物如烟草、咖啡，药用作物如人参、当归、金银花。在这一章里，我们就来谈一下几种常见的农作物。

玉 米

玉 米

玉米又称印第安玉米，别名有包谷、包芦、玉蜀黍、大蜀黍、棒子、苞米、苞谷、玉蔆、玉麦、稀麦、玉豆、六谷、芦黍、珍珠米、红颜麦、薏米包。粤语称为粟米，上海话和台湾话称作番麦，安徽庐江称为六谷子，河南北部称为玉茭草、玉茭。玉米原产于南美洲，7000年前美洲的印第安人就已经开始种植玉米。西欧殖民者侵入美洲后将玉米种子带回欧洲，之后在亚洲和欧洲被广泛种植。17世纪时传入中国，18世纪又传到印度。目前世界各大洲均有玉米种植，其中北美洲和中美洲的种植面积最大。

玉米籽粒根据其形态、胚乳的结构以及颖壳的有无可分为9种类型：硬粒型，也称燧石型，籽粒多为方圆形，顶部及四周胚乳都是角质，外表半透明有光泽、坚硬饱满；粒色多为黄色，是我国长期以来栽培较多的类型，主要作食粮用；马齿形，又叫马牙型，籽粒扁平呈长方形，顶部的中间下凹。籽粒表皮皱纹粗糙，不透明，多为黄、白色，是世界上及我国栽培最多的一种类型，适宜制造淀粉、酒精、饲料；半马齿型，也叫中间型，是由硬粒型和马齿型玉米杂交而来；粉质型，又名软质型，籽粒乳白色，无光泽，只作为制取淀粉的原料；甜质型，亦称甜玉米，含糖分多，含淀粉较低，成熟时呈半透明状，多做蔬菜用；甜粉型，籽粒上半部为角质胚乳，下半部为粉质胚乳；蜡质型，又名糯质型，似糯米，粘柔适口；爆裂型，籽粒较小，质地坚硬透明，多为白色或红色，适宜加工爆米花等膨化食品；有稃型，籽粒被较长的稃壳包裹，籽粒坚硬，难脱粒，是种原始类型。

我国玉米根据粒色和粒质分为四类：黄玉米，种皮为黄色，包括略带红色的黄玉米；白玉米，种皮为白色，包括略带淡黄色或粉红色的玉米；还有富含粘性的糯玉米和杂玉米。另外按品质分类，玉米分为常规玉米、特用玉米（甜玉米、糯玉米、爆裂玉米、优质蛋白玉米、高油玉米和高直链淀粉玉米等）。其中，甜玉米分为普通甜玉米、加强甜玉米和超甜玉米。糯玉米除鲜食外，还是淀粉加工业的重要原料。高油玉米含油量较高，具有降低血清中的胆固醇、软化血管的作用。值得一提的是紫玉米，这是一种非常珍贵的玉米品种，为我国特产，因颗粒形似珍珠，

黄玉米

有“黑珍珠”之称。

烤玉米
玉米饼

玉米喜高温，植株高大，茎强壮，挺直。叶窄而大，边缘波状，于茎的两侧互生。可用作饲料、食物和工业原料。玉米是世界上分布最广泛的粮食作物之一，种植面积仅次于小麦和水稻。玉米是美国最重要的粮食作物，产量约占世界产量的一半。中国年产玉米占世界第二位，其次是巴西、墨西哥、阿根廷。玉米是我国北方和西南山区及其他旱谷地区人民的主要粮食之一。但玉米营养价值低，蛋白质含量低，缺乏菸草酸，若以玉米为主要食物则易患糙皮病。在拉丁美洲，玉米广泛用作不发酵的玉米饼。美国各地均食用玉米，做成煮（或烤）玉米棒子、奶油玉米片、玉米布丁、玉米糊、玉米粥、玉米肉饼、爆玉米花等食品。玉米是工业酒精和烧酒的主要原料。玉米秆可用于造纸、制墙板，苞皮可作填充材料和草艺编织，玉米穗轴可作燃料，制工业溶剂，茎叶除用作牲畜饲料外，还是沼气池很好的原料。

玉米是粗粮中的保健佳品，玉米粉可制作窝头、丝糕。用玉米制出的碎米叫玉米渣，可用于煮粥、焖饭。尚未成熟的极嫩的玉米称为“玉米笋”，可制作菜肴。玉米味甘性平，含蛋白质、脂肪、淀粉、钙、磷、铁、以及烟酸、泛酸、胡萝卜素、槲皮素、维生素B_1、B_2、B_6等成分。而玉米油富含多个不饱和键脂肪酸，是一种胆固醇吸收的抑制剂，对降低血浆胆固醇和预防冠心病有一定作用。玉米的纤维素含量高，可防治便秘、肠炎、肠癌等；含有的维生素E有促进细胞分裂、延缓衰老、降低血清胆固醇、防止皮肤病变的功能；含有的黄体素可以对抗眼睛老化；多吃玉米能抑制抗癌药物对人体的副作用；含有的谷氨酸有健脑作用，能增强人的脑力和记忆力。

玉米具有调中开胃，益肺宁心，清湿热，利肝胆，延缓衰老，治疗

玉米粒

脾胃不健、食欲不振、饮食减少、小便不利或水肿、高血脂症、冠心病等功能。适宜脾胃气虚、气血不足、营养不良、动脉硬化、高血压、高脂血症、冠心病、心血管疾病、肥胖症、脂肪肝、癌症患者、记忆力减退、习惯性便秘、慢性肾炎水肿者以及中老年人食用。玉米熟吃更佳，烹调会使玉米损失部分维生素C，但能获得更有营养价值的抗氧化剂活性。最后，玉米忌和田螺同食，否则会中毒；同时不能与牡蛎同食，否则会阻碍锌的吸收；玉米还不宜食用过多。

玉米排骨汤的做法

玉米排骨汤

材料：玉米、猪肋排

调味料：葱、姜

制作方法：

（1）将排骨剁成块状，长短随意。

（2）玉米去皮、去丝，切成小段。

（3）葱切段，姜切片。

（4）砂锅内放水，将排骨放入锅内（若想排骨汤鲜些，可在水中滴两滴醋），葱、姜（无需太多一两片即可）一起放入锅中，滴入少许白酒，点火，待砂锅内水开有血沫浮上来后将血沫去掉，再放入玉米，一同煲制。

（5）煲熟后去掉葱及姜片，加入少许盐调味即可。

大 麦

大麦别名倮麦、牟麦、饭麦、赤膊麦，是有稃大麦和裸大麦的总称。一般有稃大麦称皮大麦，其特征是稃壳和籽粒粘连；裸大麦的稃壳和籽粒分离，称裸麦，青藏高原称青稞，长江流域称元麦，华北称米麦等。大麦按用途分为啤酒大麦、饲用大麦、食用大麦三种。在北非及亚洲部分地区喜用大麦粉做麦片粥。

大麦是中国古老粮种之一，是世界上第五大耕作谷物，种植总面积、总产量仅次于小麦、水稻、玉米。大麦栽培始于埃塞俄比亚、东南亚。在埃及可追溯到公元前5000年，在美索不达米亚平原、西北欧和中国分别始于公元前3500年、公元前3000年、公元前2000年。大麦是16世纪犹太人、希腊人、罗马人和大部分欧洲人的主要粮食作物。大麦除供人类食用，一般用以制麦芽糖。啤酒主要用大麦芽制造。

大麦在我国是个古老的作物。早在新石器时代中期，居住在青海的古羌族就已在黄河上游开始栽培，距今已有5000年的历史。大麦具有早熟、耐旱、耐盐、耐低温冷凉、耐瘠薄等特点，因此栽培非常广泛。大麦是藏族人的主要粮食，他们把裸大麦炒熟磨粉，做成糌粑食用。长江和黄河流域的人们习惯用裸大麦做粥或掺在大米里做饭。大麦仁还是“八宝粥”中不可或缺的原料。此外，“大麦茶”是朝鲜族人喜欢的饮料。饮料“旭日升暖茶”的原料中也有大麦。

我国大麦主要分布在长江流域、黄河流域和青藏高原。西北和黑龙江等地啤酒大麦发展较快。我国大麦栽培分为北方春大麦区（包括东北平原，内蒙古高原，宁夏、新疆全部，山西、河北、陕西北部，甘肃和河西走廊地区。特别是西北有黄河水，祁连山和天山雪水灌溉，是我国优质啤酒大麦的基地）、青藏高原裸大麦区（包括青海、西藏全部，四川甘孜、阿坝两个藏族自治州，甘肃甘南藏族自治州，云南迪庆藏族自治州）、黄淮以南秋播大麦区（包括山东，甘肃的陇东和陇南，晋、冀、陕南部及四川盆地，云贵高原。长江流域、四川盆地以南地区是我国大麦主产区）三大生态区。

啤 酒

大麦可降低血液中胆固醇的含量和低密度脂蛋白的含量；对滋补虚劳、止泻、宽肠利水、小便淋痛、消化不良、饱闷腹胀有明显疗效。胃气虚弱、消化不良、肝病、食欲不振、胃满腹胀、妇女回乳时乳房胀痛等人群，宜食大麦芽。妇女在想断奶时，可用大麦芽煮汤服之，可催生落胎。用大麦芽回乳须注意：用量过小或萌芽过短者，均影响疗效。未长出芽的大麦，服后不但无回乳的功效，反而可增加乳汁。但大麦芽不可久食，尤其是怀

大 麦

孕期间和哺乳期间的妇女忌食，否则会减少乳汁分泌。

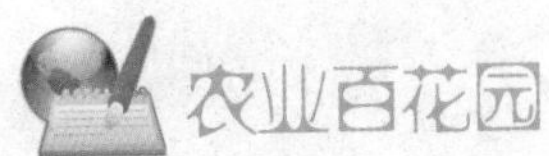

大麦的食疗作用

（1）大麦芽性凉、味甘、咸，归脾、胃经；

（2）具有益气宽中、消渴除热、并且有回乳的功效；

（3）对滋补虚劳、强脉益肤、充实五脏、消化谷食、止泻、宽肠利水、小便淋痛、消化不良、饱闷腹胀有明显疗效。

宜：胃气虚弱、消化不良者宜食；肝病、食欲不振、伤食后胃满腹胀者及妇女回乳时乳房胀痛者宜食大麦芽。

忌：因大麦芽可回乳或减少乳汁分泌，故妇女在怀孕期间和哺乳期内忌食。

大麦芽

荞　麦

荞麦又称三角麦、乌麦、花荞、胡荞麦、甜荞、荞子。彝族称为“额”，古代时称为荍麦、乌麦，四川称荞麦为荞子。荞麦中的苦荞最具营养价值。荞麦分为普通荞麦（甜荞麦）、苦荞麦（鞑靼荞麦）、翅荞和米荞，原产于亚洲，种子三角形，种皮坚韧，呈深褐或灰色。荞麦是乌克兰、白俄罗斯和波兰的主要粮食作物之一。荞麦主要生产国有前苏联、中国、波兰、法国、加拿大、日本、韩国等。前苏联为世界荞麦生产大国，占全球总播种面积的近一半。中国的荞麦种植面积和产量均居世界第二位。中国荞麦过去主要作为救灾补种、高寒作物对待，耕作粗放，产量低，产销脱节，商品率很低。

荞麦植株

荞麦起源于中国，栽培历史悠久，是中国古代重要的粮食作物和救荒作物。已知最早的荞麦出土于陕西咸阳杨家湾四号汉墓中，距今已有2000多年。另外，陕西咸阳马泉和甘肃武威磨嘴子出土过前汉和后汉时的荞麦实物。农书中关于荞麦最为确切的记载见于《四时纂要》和孙思

荞麦花

邈的《备急千金要方》。一般认为，荞麦是在唐代开始普及的。我国农业古籍《农器图谱》中详细介绍了推镰的构造和功用，推镰是最早的一种收割机，而荞麦则是最早使用机械收割的作物。

荞麦清香，在我国东北、华北、西北、西南地区以及日本、朝鲜、前苏联等国都是很受欢迎的食品。荞麦全身是宝，营养也十分丰富，可用叶制作荞麦茶叶与蔬菜。荞麦的茎叶入药能益气力、降压、续精神、利耳目、降气、宽肠、健胃、治噎食、痈肿、止血、蚀恶心，适用于高血压、毛细血管脆弱性出血，防治中风、视网膜出血、肺出血。荞麦粉作保健食品能防治糖尿病、高血脂、牙周炎、牙龈出血和胃病。荞麦皮历来是做枕心的好材料，长期使用荞麦皮枕头有清热、明目作用。

烤荞麦粉

荞麦特别是苦荞麦，其营养价值居所有粮食作物之首，不仅营养成分丰富、营养价值高，而且含有其他粮食作物所缺乏和不具有的特种微量元素及药用成分，对现代“文明病”及几乎所有中老年心脑血管疾病，均有预防和治疗功能，因而受到各国的重视。荞麦食品是直接利用荞米和荞麦面粉加工的。荞米常用来做荞米饭、荞米粥和荞麦片。荞麦粉可制成面条、烙饼、面包、糕点、荞酥、凉粉、血粑和灌肠等风味食品。荞麦还可酿酒，酒色清澈，久饮益于强身健体。

荞麦碳水化合物含量高，除食用外，常用做家禽和其他牲畜的饲料，英国人认为荞麦特别适于用做鸡的饲料。荞麦碎粒是珍贵饲料，富含脂肪、蛋白质、铁、磷、钙等矿物质和多种维生素。用荞麦粒喂家禽可提高产蛋率，也能加快雏鸡的生长速度；喂奶牛可提高奶的品质；喂猪能增加固态脂肪，提高肉的品质。荞麦是我国三大蜜源作物之一，甜荞花朵大、开花多、花期长，蜜腺

荞麦

荞麦饼

发达、具有香味，泌蜜量大。荞麦田放蜂，产量可提高20%～30%。在东欧，人们将荞麦去壳煮食，称为荞麦饭。荞麦粉不宜做面包，在美国及加拿大，荞麦粉单独或与小麦粉混合用制烤饼，称荞麦饼。

荞麦面粉的蛋白质含量明显高于大米、小米、小麦、高粱、玉米面粉及糌粑。荞麦面粉含18种氨基酸，脂肪含量也高于大米、小麦面粉和糌粑。荞麦脂肪含9种脂肪酸，其中油酸和亚油酸含量最多，还含有棕榈酸、亚麻酸、柠檬酸、草酸和苹果酸等。荞麦还含有微量的钙、磷、铁、铜、锌和微量元素硒、硼、碘、镍、钴等多种维生素。其中芦丁、叶绿素是其他谷类作物所不含有的。

荞麦因含有丰富的蛋白质、维生素，故有降血脂、保护视力、软化血管、降低血糖的功效。同时，荞麦可杀菌消炎，有“消炎粮食”的美称。荞麦适用于肠胃积滞、胀满腹痛、湿热腹泻、痢疾、妇女带下等人群。另外，苦荞含有抑制皮肤生成黑色素的物质，有预防老年斑和雀斑的作用；含有阻碍白细胞增殖的蛋白质阻碍物质；含有对儿童生长发育有重要作用的组氨酸和精氨酸。需要注意的是，一些人食用荞麦后会引起皮肤瘙痒、头晕等过敏反应。

荞 麦

大 豆

大豆古称菽，属豆科植物，其种子含有丰富蛋白质。根据大豆的种皮颜色和粒形，可以分为黄大豆、青大豆、黑大豆、饲料豆、其他大豆五类。其中，饲料豆的籽粒较小，呈扁长椭圆形，两片子叶上有凹陷圆点，种皮略有光泽或无光泽。其他大豆主要包括种皮为褐色、棕色、赤色等单一颜色的大豆。豆的角叫豆荚，豆的叶叫豆藿，豆的茎叫豆萁。黑色的叫做乌豆，可以入药，还可以做成豆豉；黄色的可以做成豆腐，也可以榨油或做成豆瓣酱；其他颜色的都可以炒熟食用。由于大豆的营养价值高，被称为“豆中之王”“田中之肉”“绿

大豆植株

色的牛乳”。

大豆原产我国，至今已有5000年的种植史。现在全国普遍种植，在东北、华北、陕、川及长江下游地区均有出产，以长江流域及西南栽培较多，东北大豆质量最优。世界各国栽培的大豆都是由我国传播出去的。我国大豆的产区有东北平原、黄淮平原、长江三角洲和江汉平原，具体分为五个主要产区，即：东北三省为主的春大豆区；黄淮流域的夏大豆区；长江流域的春、夏大豆区；江南各省南部的秋大豆区；两广、云南南部的大豆多熟区。其中，东北春播大豆和黄淮海夏播大豆是我国大豆种植面积最大、产量最高的两个地区。

大豆发酵制品包括豆豉、豆汁、黄酱及各种腐乳等。大豆的营养成份主要有蛋白质、异黄酮、低聚糖、皂苷、磷脂、核酸等。其中，植物蛋白有增强体质、降血压、减肥的功效，也可以治疗便秘，极适宜老年人食用。大豆是更年期妇女、糖尿病、心血管病患者及脑力工作者的理想食品。大豆主治疳积泻痢、妊娠中毒、疮痈肿毒、外伤出血。黄豆还能抗菌消炎，对咽炎、结膜炎、口腔炎、菌痢、肠炎有效。不过，由于大豆在消化过程中会产生过多的气体造成胀肚，因此消化功能不良、有慢性消化道疾病的人应尽量少食；患有严重肝病、肾病、痛风、消化性溃疡、低碘者应禁食；患疮痘期间，也不宜吃黄豆及其制品。

荞麦饼

大豆的制作指导

（1）用大豆制作的食品种类繁多，可用来制作主食、糕点、小吃等。将大豆磨成粉，与米粉掺和后可制作团子及糕饼等，也可作为加工各种豆制品的原料，如豆浆、豆腐皮、腐竹、豆腐、豆干、百叶、豆芽等，既可供食用，又可以炸油。

（2）生大豆含有不利健康的抗胰蛋白酶和凝血酶，所以大豆不宜生食，夹生黄豆也不宜吃，不宜干炒食用。

（3）黄豆通常有一种豆腥味，很多人不喜欢。如在炒黄豆时，滴几滴黄酒，再放入少许盐，这样豆腥味会少得多，或者，在炒黄豆之前用凉盐水洗一下，也可达到同样的效果。

（4）食用时宜高温煮烂，不宜食用过多，以碍消化而致腹胀。

豆 腐

小　豆

小豆，古名答、小菽、赤菽，别名红小豆、赤豆、赤小豆、五色豆、米豆、饭豆。我国是小豆的原产地，喜马拉雅山麓有小豆野生种和半野生种。小豆在我国栽培历史悠久。古医书《神农本草经》中就有小豆的药用记载，《齐民要术》中也详载了小豆的栽培方法和利用技术。这表明，我国种植小豆至少已有2000多年的历史。印度、朝鲜、日本等国也有小豆栽培，但以我国出产最多。小豆的经济价值居五谷杂粮之首，故有“金豆”的美称。

小豆植株

全世界小豆以亚洲面积最大，非洲、欧洲及美洲也有生产。全世界共约24个国家种植小豆，除中国生产面积最大外，日本、朝鲜、韩国、澳大利亚、泰国、印度、缅甸、美国、加拿大、巴西、哥伦比亚、新西兰及原苏联的远东地区，非洲的扎伊尔、安哥拉等国均有一定生产面积。中国小豆主要分布在华北、东北和黄河及长江中下游地区，以河南、河北、北京、天津、山东、山西、陕西及东北三省的种植面积较大，其次是安徽、湖北、江苏和台湾等省区。

红小豆

红小豆被誉为粮食中的“红珍珠”，既是营养佳品，又是食品、饮料的重要原料。小豆的营养成分主要有蛋白质、脂肪、淀粉。小豆蛋白质含量比畜产品含量高。用小豆与大米、小米、高粱米等煮粥作饭，用小豆面粉与小麦粉、大米面、小米面、玉米面等配合成杂粮面，能制作多种食品。小豆主要制作豆沙，豆沙可制作豆沙包、水晶包、油炸糕、什锦小豆粽子。小豆沙还可制作冰棍、冰糕、冰激凌、冷饮。另外，用豆沙可制成多种中西糕点，如小豆沙糕、豆沙月饼、豆沙春卷、豆阳羹、奶油小豆沙蛋糕等。

豆沙糕

自古以来，小豆就被用来治病、防病。盛夏的红小豆汤，不仅解渴还能清热解暑。《本草纲目》和《中药大辞典》中分别记载了小豆的多种医药功能。小豆含有较多的皂草苷，可刺激肠子，有通便、利尿的作用，对心脏病和肾脏病也有疗效；每天吃适量小豆可净化血液、解除心脏疲劳；还可以通气、减少胆固醇；小豆对金黄色葡萄球菌、福氏痢疾杆菌和伤寒杆菌也有明显的抑制作用。

绿　豆

绿豆，古名菉豆、植豆，又名文豆、青小豆，是我国的传统豆类食物。在炎炎夏日，绿豆汤更是老百姓最喜欢的消暑饮料。绿豆种皮的颜色主要有青绿、黄绿、墨绿三类，种皮分有光泽（明绿）和无光泽（暗绿）两种。以色浓绿而富有光泽、粒大整齐、形圆、煮之易酥者，品质最好。绿豆在我国已有两千余年的栽培史。由于它营养丰富，李时珍称其为“菜中佳品”。

绿豆具有非常好的药用价值，有“济世之食谷”之说。绿豆是夏令饮食的上品。盛夏酷暑，喝些绿豆粥，甘凉可口，防暑消热。小孩因天热起痱子，用绿豆和鲜荷服用，效果更好。若用绿豆、赤小豆、黑豆煎汤，既可治疗暑天小儿消化不良，又可治疗小儿皮肤病及麻疹。常食绿豆，对高血压、动脉硬化、糖尿病、肾炎有较好的治疗作用。绿豆还可以作为外用药，嚼烂后外敷治疗疮疖、皮肤湿疹。“绿豆衣”能清热解毒，有消肿、散翳、明目等作用。绿豆还有止痒作用。夏天在高温环境工作的人出汗多，水液损失很大，用绿豆煮汤来补

绿豆植株

充是最理想的方法。绿豆还有解毒作用，如遇有机磷农药中毒、铅中毒、酒精中毒（醉酒）或吃错药等，可先灌下一碗绿豆汤进行紧急处理。经常在有毒环境下工作或接触有毒物质的人，应经常食用绿豆来解毒保健。

绿 豆

绿豆含有蛋白质、脂肪、碳水化合物、维生素B_1、胡萝卜素、菸硷酸、叶酸及矿物质钙、磷、铁。绿豆皮中含有21种无机元素，磷含量最高。绿豆蛋白质的含量是粳米的3倍。绿豆中所含蛋白质、磷脂有兴奋神经、增进食欲的功能；绿豆中的多糖成分能增强血清脂蛋白酶的活性，防治冠心病、心绞痛，能促进体内胆固醇在肝脏中分解；有抗过敏作用，可治疗荨麻疹；绿豆含丰富胰蛋白酶抑制剂，可以保护肝脏、肾脏。绿豆适宜中毒、眼病、高血压、水肿、红眼病等患者食用。绿豆不宜煮得过烂，可与大米、小米掺和起来制作干饭、稀饭等主食，绿豆忌用铁锅煮。不过，脾胃虚弱、泄泻的人不宜多吃绿豆；服药时不要吃绿豆食品；未煮烂的绿豆腥味强烈，食后易恶心、呕吐。

绿豆汤

蚕　豆

蚕豆，又叫佛豆、胡豆、南豆、马齿豆、竖豆、仙豆、寒豆、湾豆、夏豆、川豆、倭豆、罗汉豆。蚕豆按子粒大小可分为大粒蚕豆、中粒蚕豆、小粒蚕豆三种。其中大粒蚕豆宽而扁平，如四川、青海产的大白蚕豆，常作粮食、蔬菜。蚕豆按种皮颜色不同，可分为青皮蚕豆、白皮蚕豆和红皮蚕豆。江南人喜欢在立夏时节食蚕豆，因此称它立夏豆。浙江宁波人则在立夏前后，几乎家家户户都吃蚕豆，不少人家还将蚕豆跟大米饭一起煮，称为“蚕豆饭”。

蚕豆的原产地有多种说法：一说产于里海南部，二说产于非洲北部，三说产于西南亚。公元1世纪时由欧洲传入我国，相传为西汉张骞自西域引入。如今蚕豆在我国各地都有

蚕　豆

蚕豆植株

种植，以四川最多，次为云南、湖南、湖北、江苏、浙江、青海等省。我国蚕豆主要的优良品种有四川青胡豆、南翔白皮蚕豆、兴宁蚕豆、莆田蚕豆等。在我国民间词库里还产生了许多与蚕豆有关的歇后语，比如“老太太吃蚕豆——软磨硬顶”“老太太吃炒蚕豆——咬牙切齿”。

蚕豆的种子供食用；茎、叶富含氮素，为良好的冬季绿肥；花、果荚、种壳、种子及叶均可入药，有止血、利尿、解毒、消肿的功用。蚕豆的最佳适宜人群有老人、学生、脑力工作者、高胆固醇患者、便秘患者。不过，蚕豆过敏者、遗传性血红细胞缺陷症者、痔疮出血、消化不良、慢性结肠炎、尿毒症等病人不宜进食蚕豆；儿童不易多食蚕豆，否则易患蚕豆病。另外，蚕豆不宜与田螺同食。

蚕豆中含有调节大脑和神经组织的钙、锌、锰、磷脂等重要成分，并含有丰富的胆石碱，有增强记忆力和健脑作用。蚕豆中的钙，利于骨骼对钙的吸收，能促进人体骨骼的发育。蚕豆中的蛋白质可预防心血管疾病。蚕豆中的维生素C可以延缓动脉硬化。蚕豆皮中的膳食纤维有降低胆固醇、促进肠蠕动的作用。蚕豆还是抗癌食品，对预防肠癌有作用。

清炒蚕豆

原料：鲜蚕豆500克

调味料：食用油40克，碎葱少许，糖、盐、味精各1小匙。

做法：

（1）将油烧至八分热，放一些碎葱，然后将蚕豆下锅翻炒。炒时火头要大，使蚕豆充分受热。

（2）加水焖煮，一般来说，水量需与蚕豆持平。为保持蚕豆的青绿，嫩蚕豆焖的时间不必太长，蚕豆起“黑线”后，可多加些水，盖锅时间也需长一些。

（3）当蚕豆表皮裂开后加盐，用盐量比炒蔬菜略多些。蚕豆烧熟后会有一些苦涩，所以需加入一些糖，再加入适量味精，盛盘即可。

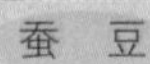
蚕　豆

清炒蚕豆

第三章

农业的科技化

农业是人类的衣食之源、生存之本，是一切生产的首要条件。它是人类社会赖以生存的基本生活资料的来源，是社会分工和国民经济其他部门成为独立的生产部门的前提和进一步发展的基础，也是一切非生产部门存在和发展的基础。由于各国的国情不同，农业包括的范围也不同。狭义的农业仅指种植业或农作物栽培业；广义的农业包括种植业、林业、畜牧业、副业和渔业。有的经济发达国家，还包括为农业提供生产资料的前部门和农产品加工、储藏、运输、销售等后部门。现阶段，中国农业包括农业、林业、牧业、副业、渔业。

科技农业则是在传统农业的基础上，运用现代农业高新技术（涵盖生物技术、航天技术、信息技术、新材料技术、新能源技术、海洋技术）来武装农业、改造农业的技术体系。科技化农业具有高投入、高风险、高效益等特点，它的主要目的是为了促进生态农业、高效农业、现代农业的发展。在这一章里，我们主要谈的就是科学技术给农业带来的巨大变化。

人工降水

人工降水也称人工增雨，其原理是通过撒播催化剂，影响云的微物理过程，使在一定条件下本来不能自然降水的云，受激发而产生降水；也可使本来能自然降水的云，提高降水效率，增加降水量。

降水，就得使云中半径大于0.04毫米的大云滴有足够的数密度，让它们迅速与小云滴碰并增长，成为半径超过 1.0毫米的雨滴形成降水，因此在那些大云滴数密度小而无法形成降雨的云中，用飞机、炮弹携带等方法，播撒盐粉、尿素等吸湿性粒子，使形成许多大云滴，便可导致形成或增加降水。由于云和降水过程十分复杂，使用人工降水和降水检验的方法措施都还很不完善，还有待进一步深入研究。

人工降雨是要有充分的条件的。一般自然降水的产生，不仅需要一定的宏观天气条件，还需要满足云中的微物理条件，比如：0℃以上的暖云中要有大水滴；0℃以下的冷云中要有冰晶，没有这个条件，天气形势再好，云层条件再好，也不会下雨。然而，在自然的情况下，这种微物理条件有时就不具

制造人工降雨条件

小　雨

备；有时虽然具备但又不够充分。前者根本不会产生降水；后者则降雨很少。此时，如果人工向云中播撒人工冰核，使云中产生凝结或凝华的冰水转化过程，再借助水滴的自然碰并过程，就能产生降雨或使雨量加大。

由于自然降水过程和人工催化过程中的很多基本问题仍不很清楚，因此人工降水的理论和技术方法还处于探索和试验研究阶段。世界上先后约有80个国家和地区开展了这项试验 ，其中美国、澳大利亚、苏联和中国等国的试验规模较大。中国一些经常发生干旱的省、区都开展了这项试验，这对于增加降水，缓解干旱的威胁，起到了积极的作用。下面，我们就来详细谈一下人工降水的发展。

人们常说："天有不测风云"。然而，随着科学技术的不断发展，这种观点已成为过去。几千年来人类"布云行雨"的愿望，如今已成为现实。而首次实现人工降雨的科学家，就是杰出的美国物理化学家欧

文·朗缪尔。欧文·朗缪尔，1881 年1月31日生于美国纽约市布鲁克林。朗缪尔从小对自然科学和应用技术极感兴趣。为了实现人工降雨，使人类摆脱靠天吃饭的命运，朗缪尔进行了理智而科学的探索。经过他一系列深入地研究，终于搞清了其中的奥秘。

原来，地面上的水蒸气上升遇冷凝聚成团便是“云”。云中的微小冰点直径只有0.01 毫米左右，能长时间地悬浮在空中，当它们遇到某些杂质粒子便可形成小冰晶，而一旦出现冰晶，水汽就会在冰晶表面迅速凝结，使小冰晶长成雪花，许多雪花粘在一起成为雪片，当雪片大到足够重时就从高空滚落下来，这就是降雪。若雪片在下落过程中碰撞云滴，云滴凝结在雪片上，便形成不透明的冰球称为雹。如果雪片下落到温度高于0℃的暖区就融化为水滴，下起雨来。但是，有云未必就下雨。

人工降雨

这是因为云中冰核并不充沛，冰晶的数目太少了。当时，在人们中流行着一种观点：雨点是以尘埃的微粒为“冰”，若要下雨，空气中除有水蒸气外还必须有尘埃微粒。这种流行观点严重地束缚着人们对人工降雨的实验与研究。而朗缪尔是个治学严谨、注重实践的科学家。他当时是纽约州斯克内克塔迪通用电气公司研究实验室的副主任。在他的实验室里保存有人造云，这就是充满在电冰箱里的水蒸气。朗缪尔想方设法，使冰箱中的水蒸气与下雨前大气中的水蒸气情况相同。他还不停地调整温度，加进各种尘埃进行实验。

1946 年7 月中的一天，朗缪尔正紧张地进行实验，忽然电冰箱不知因何处设备故障而停止制冷，冰箱内温度降不下去。于是，他决定用干冰降温。固态二氧化碳气化热很大，在零下60℃时为87.2 卡/克。常压下能急剧转化为气体，吸收环境热量而制冷，可使周围温度降到零下78℃左右。当他刚把一些干冰放进冰箱的冰室中，小冰粒在冰室内飞舞盘旋，整个冰室内寒气逼人，人工云变成了冰和雪。朗缪尔分析这一现象认识到：尘埃对降雨并非绝对必要，干冰具有独特的凝聚水蒸气的作用，即作为“种子”的云中冰晶或冰核。温度降低也是使水蒸气变为雨的重要因素之一，他不断调整加入干冰的量和改变温度，发现只要温度降到零下40℃以下，人工降雨就有成功的可能。朗缪尔发明的干冰布云法是人工降雨研究中的一个突破性的发现，

朗缪尔

它摆脱了旧观念的束缚。朗缪尔决心将干冰布云法实施于人工降雨的实践。1946 年的一天，在朗缪尔的指挥下，一架飞机腾空而起飞行在云海上空。试验人员将207千克干冰撒入云海，30 分钟以后，狂风骤起，倾盆大雨洒向大地。第一次人工降雨试验获得成功。

朗缪尔开创了人工降雨的新时代。根据过冷云层冰晶成核作用的理论，科学家们又发现可以用碘化银（AgI）等作为“种子”，进行人工降雨。而且从效果看，碘化银比干冰更好。碘化银可以在地上撒播，利用气流上升的作用，飘浮到空中的云层里，比干冰降雨更简便易行。

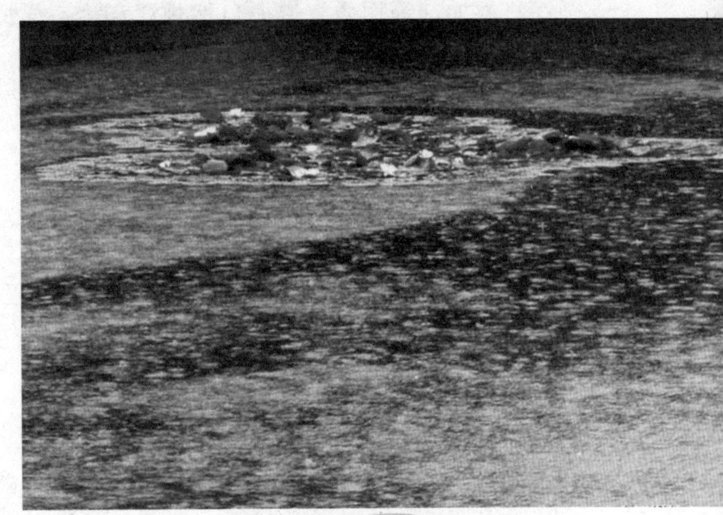
台风雨

除了能帮助经常发生干旱的省、区增加降水，缓解干旱的威胁之外，人工降雨还可以在战争中作为一种新式的“气象武器”。美越战争时期，国外支援越南人民抗击美帝侵略者的作战物资，都是由柬埔寨通往越南的“胡志明小道”源源不断地送往前线。但那里常常出现暴雨，特大洪水，冲断桥梁，毁坏堤坝，大批运输车辆挣扎在泥泞的山路上，交通受到了很大的影响，其破坏程度不亚于轰炸。一开始，越方对这种突如其来的暴雨茫然无知，后来，经多方侦查才知道，这是由美国总统约翰逊亲自批准并实施了6 年之久的秘密气象行动，即美国在那条路上空进行了“人工降雨”行动。

有机农业

有机农业是遵照一定的有机农业生产标准，在生产中不采用基因工程获得的生物及其产物，不使用化学合成的农药、化肥、生长调节剂、饲料添加剂等物质，遵循自然规律和生态学原理，协调种植业和养殖业的平衡，采用一系列可持续发展的农业技术以维持持续稳定的农业生产体系的一种农业生产方式。

★ 有机农业的概念

20世纪20年代，有机农业这个概念首先在法国和瑞士提出。从20世纪80年代起，随着一些国家有机标准的制定，一些发达国家才开始重视有机农业，并鼓励农民从常规农业生产向有机农业生产转换，有机农业的概念才被广泛接受。

尽管有机农业定义众多，但都具有统一的内涵。有机农业是一种完全不用人工合成的肥料、农药、生长调节剂和家畜饲料添加剂的农业生产体系。有机农业的发展可以帮助解决现代农业带来的一系列问题，如农药和化肥大量使用给环境造成污染和能源的消耗、严重的土壤侵蚀和土地质量下降、物种多样性的减少等等；有机农业还有助于提高农民收入，发展农村经济。同时，有机农业还是一种劳动密集型的农业，需要较多的劳动力。另外，有机农业的发展可以更多地向社会提供纯天然无

污染的有机食品，满足人们的需要。

★ 有机农业的特点

有机农业与目前农业相比较，有以下特点：

农药污染的作物

第一，有机农业可向社会提供好口味、无污染、食用安全的环保食品，有利于人们身体健康，减少疾病的发生。

化肥农药的大量施用，虽然大幅度地提高了农产品产量，但是也不可避免地对农产品造成了污染，给人类生存和生活留下隐患。目前，人类疾病的大幅度增加，尤以各类癌症的大幅度上升，都与化肥农药的污染有很大的关系。而有机农业不使用化肥、化学农药，以及其他可能会造成污染的工业废弃物、城市垃圾等，因此食用起来就非常安全，且品质好，有利于保障人们的身体健康。

第二，有机农业可以减轻环境污染，有利于恢复生态平衡。

目前，我国化肥农药的利用率很低，一般氮肥只有20%～40%，农药在作物上附着率一般不超过10%～30%，其余大量流入环境中造成污染。比如化肥大量进入江湖中造成水体富营养化，影响鱼类生存。虽然说农药可以杀死病菌害虫，但农药同时也杀死了有益生物及一些中性生物，增加了病虫的抗性，结果引起病虫猖獗，使农药用量愈来愈大，施用次数愈来愈多，从而形成了恶性循环。而使用有机农业生产方式，可以减轻污染，有利于恢复生态平衡。

被害虫正在破坏的蔬菜

第三，有机农业可以提高我国农产品在国际上的竞争力，增加外汇收入。

随着我国加入世贸组织，农产品进行国际贸易受关税调控的作用愈来愈小，但对农产品的生产环境、种植方式和所谓非关税贸易壁垒的控制愈来愈大，只有高质量的产品才可能打破非关税贸易的壁垒。而有机农业产品是一种国际公认的高品质、无污染环保产品，因此发展有机农业，可以提高我国农产品在国际市场上的竞争力，增加外汇收入。

第四，有机农业可以增加农民收入，提高农村就业率、提高农业生产水平。

有机农业是一种劳动知识密集型产业，是项系统工程，需要大量的劳动力投入和大量的知识技术投入，否则很多问题难以解决。同时有机农业食品在国际市场上的价格一般比普遍产品高出20%～50%，有的甚至高出一倍以上。因此发展有机农业可以增加农村就业，增加农民收入，提高农业生产水平，促进农村可持续发展。因此，有机农业是大有希望的产业，我们应当大力倡导有机农业，积极稳妥地发展有机农业。

★ 有机农业的发展

现代农业的发展所导致的众多环境问题越来越让人关注和担忧。20世纪30年代，英国一个名叫Howard的植物病理学家在总结和研究中国传统农业的基础上，积极倡导有机农业，并在1940年写成了《农业圣典》一书，书中倡导发展有机农业，为人类生产安全健康的农产品——有机食品。

从世界范围看，目前有机食品的销售量还不到食品销售量的1%，但其发展速度非常快，而且销售潜力非常可观。但是，不同地区的食品销售量有所不同。在发展中国家，由于大部分人还在为解决温饱问题而努力，有机农业的发展相对较慢；而在众多发达国家，由于人们对这个问

利用有机农业栽种的作物

题认识较早、投入力度较大，再加上国家给予相关政策来支持和鼓励农民进行有机农业生产，因此在欧美及日本等国家有机农业发展比较快。举例来说，法国大约有5%的农场专门从事有机食品原料的生产。有机食品市场占法国整个食品市场的5%，婴幼儿食品几乎全部都是有机食品；欧洲其他国家从事有机食品生产的农场在2%～3%之间，20世纪90年代初已注册登记专门从事有机食品加工的工厂有 1716家。美国几乎在所有的连锁店都销售有机食品，有1/3的美国人购买有机食品。1980年有机食品销售额为7800万美元，2000年为60 亿美元，以每年20%左右的速度增长，从事有机农业生产的农民以每年12%的速度递增。日本有机食品的市场规模，在1990年到2000年这短短的十年之间，由300亿日元发展到3500亿日元左右，年增长率为30%左右。

利用有机农业栽种的大白菜

在中国，有机农业的发展始于20世纪80年代。1984年，中国农业大学开始进行生态农业和有机食品的研究和开发。1988年，国家环保局南京环科所开始进行有机食品的科研工作，并成为国际有机农业运动联盟的会员。1994年10月，国家环保局正式成立有机食品发展中心，我国的有机食品开发开始走向正规化。1990年，浙江省茶叶进出口公司开发的有机茶第一次出口到荷兰。1994年，辽宁省开发的有机大豆出口到日

花 生

本。此后，在我国各地陆续发展了众多的有机食品基地，在东北三省及云南、江西等一些偏远山区有机农业发展得比较快，近几年来已有许多外贸公司联合生产基地进行了多种产品的开发，如有机豆类、花生、茶叶、葵花籽、蜂蜜等。从总体情况来看，我国有机食品的生产目前仍处于起步阶段，生产规模较小，且基本上都是面向国际市场，国内市场几乎没有。

有机农业

虽然中国有机农业的发展还很缓慢，但是，在中国发展有机农业却有着众多的优势和广阔的发展前景。为什么这么说呢？主要有以下几个方面的原因。首先，我国的传统农业历史悠久，在地力常新、用养结合、精耕细作、农牧结合等方面都经验丰富。事实上，有机农业也就是在传统农业的基础上依靠现代的科学知识，在生物学、生态学、土壤学科学原理指导下对传统农业反思后的新的运用。

有机食品

其次，中国有地域方面的优势。中国的农业生态景观多样，生产条件各不相同，尽管中国农业的主体仍是常规农业，并依赖于大量化学品，但在许多偏远山区和贫困地区，农民很少或完全不用化肥农药，这也为有机农业的发展提供了有利的发展基础。

再次，有机农业的生产是一种劳动力密集型的产业，而我国农村劳动力众多，这对加快有机食品发展，解决大批农村剩余劳动力都起到了良好的促进作用。

最后，中国加入了世贸组织，中国农产品的出口受到了绿色非贸易壁垒的限制，有机食品的发展能与国际接轨，可以开拓国际市场。同时，随着人们对环境意识的增强和生活水平的提高，有机食品的国内市场将有较大发展，因此有机食品在国内外都会有广阔的发展前景。

有机食品判断标准

（1）原料来自于有机农业生产体系或野生天然产品。

（2）产品在整个生产加工过程中必须严格遵守有机食品的加工、包装、贮藏、运输要求。

（3）生产者在有机食品的生产、流通过程中有完善的追踪体系和完整的生产、销售的档案。

（4）必须通过独立的有机食品认证机构的认证。

微生物农药

微生物农药包括农用抗生素和活体微生物农药，主要是利用微生物或其代谢产物来防治危害农作物的病、虫、草、鼠害及促进作物生长。它包括以菌治虫、以菌治菌、以菌除草三个方面。这类农药具有选择性强，对人、畜、农作物和自然环境安全，不易产生抗药性，不伤害天敌等特点。微生物农药主要包括细菌、真菌、病毒或其代谢物，例如白僵菌、井冈霉素、苏云金杆菌、核多角体病毒、C型肉毒梭菌外毒素等。随着人们对环境保护的要求越来越高，微生物农药成为了今后农药的发展方向之一。

从生产实践和综合防治的要求来看，微生物防治具有以下特点：同化学杀虫剂相比，微生物杀虫剂对人畜要安全得多；有选择性，可有效地利用天然的保护；经济有效，即可工业化生产，也可用简易的固体发酵法进行生产，便于农村推广；不污染环境，有利于改善环境和保护水资源；生产原料主要为农副产品和副产物，便于就地取材生产和应用。多年应用实践证明，微生物杀虫剂是一种有效的、传播力强的，可用于短期或长期防治的较安全的生物农药，在害虫的综合防治中起着重要的作用。

从微生物农药的防治对象来看，主要分为微生物杀虫剂、微生物杀菌剂和微生物除草剂三类。下面，我们就来详细介绍一下这三种类型的微生物农药。

★ 微生物杀虫剂

微生物杀虫剂主要利用微生物的活体制成。自然界里存在着许多对害虫有致病作用的微生物，利用这种致病性微生物来防治害虫是一种有效的生物防治方法。我们可以从这些病原微生物中筛选出施用方便、药效稳定、对人畜和环境安全的菌种，并进行工业规模的生产开发，从而制成微生物杀虫剂。与化学合成杀虫剂相比，微生物杀虫剂具有以下特点：第一，防治对象专一，选择性高；第二，药效作用较缓慢；第三，药效

杀虫剂

易受外界因素（温度、湿度、光照等）的影响；第四，对生态环境的影响小。这些特点使微生物杀虫剂成为适用于害虫综合防治的一类农药。

利用微生物防治害虫的研究开始于19世纪，到20世纪上半期逐渐进入开发实用阶段。其中，发展较快的是真菌和细菌杀虫剂，到20世纪50年代，以苏云金杆菌为代表的细菌杀虫剂已实现工业生产。20世纪70年代以来，病毒杀虫剂开始商品化。微生物杀虫剂是生物科学与工程技术结合发展的产物，随着现代生物工程的迅速发展，微生物杀虫剂将有很大的开发前景。

微生物杀虫剂主要可分为真菌、细菌和病毒三类。下面，我们就来简单介绍一下微生物杀虫剂的这三个种类。

（1）真菌杀虫剂

目前已发现的昆虫病原真菌寄生范围非常广，但被开发成能当杀虫剂使用的不多。已试验成功并有一定规模应用的有：利用汤普森多毛菌防治柑橘锈螨；利用白僵菌防治马铃薯甲虫、大豆食心虫、松毛虫和玉米螟；利用绿僵菌防治金龟子、孑孓；利用轮枝孢防治温室蚜虫；利用座壳孢防治粉虱和介壳虫等。

（2）细菌杀虫剂

微生物杀虫剂中研究开发最成功的是利用芽孢杆菌作杀虫剂，主要品种为苏云金杆菌，已广泛应用于农作物、森

金龟子

林、粮仓和蚊蝇等的防治。苏云金杆菌于20世纪初被发现，30年代开始实用化，50年代即有工业生产，70年代以来发展较快，80年代全世界年销售额超过2000万美元。中国在20世纪70年代已大量生产，有青虫菌、杀螟杆菌等许多商品名称。苏云金杆菌有很多变种，其芽孢内含毒蛋白晶体，通称δ-内毒素，是杀虫的主要成分。当孢子进入害虫消化道后，毒素被活化，使害虫麻痹瘫痪而死。由于各变种所含蛋白晶体的结构不同，其毒力和适用的害虫对象也不同。例如应用较广的寇氏变种，用于防治鳞翅目幼虫；以色列变种用于防治孑孓。其他已开发利用的细菌杀虫剂还有日本甲虫芽孢杆菌，用于防治金龟子幼虫有非常好的效果。

（3）病毒杀虫剂

目前世界上已经发现的寄生于农业害虫的病毒约有200多种，一部分已被开发作为病毒杀虫剂。这些已被开发的病毒杀虫剂中，大多数属于杆状病毒的核多角体病毒，少数属于颗粒体病毒。昆虫病毒有高度的专一寄生性，通常一种病毒只侵染一种昆虫，而对其他种昆虫和人无害，因此不干扰生态环境。但是由于病毒只能用害虫活体培养增殖，因此使得大规模的工业生产受到了限制。已经小规模商品化的病毒杀虫剂多数用于防治鳞翅目害虫，例如棉铃虫、舞毒蛾、斜纹夜蛾、天幕毛虫、菜粉蝶等。中国在20世纪80年代已广泛试验推广病毒杀虫剂。

菜粉蝶

天幕毛虫

生产微生物杀虫剂主要有离体和活体培养两种方法。离体法是将菌种在发酵罐中用液体深层通空气发酵，工艺过程类似的生产。通常发酵液中产生大量孢子，经沉淀、浓缩、干燥等后处理，再加入、配制成含一定浓度孢子的各种剂型，如液剂、粉剂、可湿性粉剂、颗粒剂等，即可作产品销售使用。由于这种制剂含有活体孢子，对包装和贮存条件要求比较严格。离体法主要用于大规模工业生产，对细菌、真菌都适用。活体法则是要用活体害虫寄主来繁殖微生物，这种生产微生物杀虫剂的方式要想实现大规模生产困难很大，但是利用生物工程的细胞培养技术繁殖病毒的研究工作已在进行，并且获得了一定的进展。

★ 微生物杀菌剂

微生物杀菌剂主要是指由微生物产生的次生代谢产物抗生素。这类抗生素除了可以治疗人类疾病之外，还可以用于农作物防病，杀灭农作物病原菌。目前已成功用于农业生产中的农用抗生素主要有：防治麦类及瓜类白粉病、水稻稻瘟病的庆丰霉素，防治水果蔬菜细菌病害的链霉素，防治茶叶

苹果树腐烂病

云纹枯病、洋葱猝倒病的放线菌酮，防治水稻稻瘟病的春雷霉素和灭瘟素，防治水稻纹枯病的井冈霉素，防治橡胶条疡病、甘薯黑斑病、苹果树腐烂病的内疗素，防治瓜类蔓纹枯病、苹果花腐病的灰黄霉素，防治烟草赤星病和甜菜黑斑病的多抗霉素等。

★ 微生物除草剂

所谓微生物防治杂草，是指利用寄主范围较为专一的植物病原微生物或其代谢产物，将影响人类经济活动的杂草种群控制在为害阈限以下。因此，微生物防治杂草的目的不是根除杂草，而是根据群体生态学的原理，使一种杂草的多度减少到经济上或美学上可以容许的水平。与化学除草、人工及机械除草相比，微生物除草具有投资少、有效期长、经济效益高、无污染等优点，同时还可解决杂草的抗药性问题。

自从20世纪80年代以来，利用微生物资源开发除草剂一直是杂草微生物防治研究的热点。目前，关于杂草微生物的防治主要有两条途径：一是以病原微生物活的繁殖体直接作为除草剂，即微生物除草剂。自美国的真菌除草剂上市以来，有关病原真菌除草作用的研究越来越多，目前投入市场的也大多为真菌除草剂，因而真菌除草剂已成为微生物除草剂的代名词。二是利用微生物产生的对植物具有毒性作用的次生代谢产物直接或作为新型除草剂的先导化合物来开发微生物源除草剂。目前已商品化的微生物源除草剂主要为放线菌的代谢产物。

真菌除草剂

介绍几种微生物农药

（1）浏阳霉素。用10%乳油1000倍液喷雾，防治红蜘蛛。

（2）抗生素S-921。刮除病疤后涂抹20～30倍液，防治苹果树腐烂病。

（3）抗生菌402。刮除病疤后涂乳油40～50倍液，可治疗苹果轮纹病。

（4）农抗120微生物杀菌剂。4%果树专用型600～800倍液喷雾，可防治苹果果树白粉病，苹果和梨树锈病、炭疽病。用其200倍液涂抹病疤，可很好地治疗腐烂病。

（5）阿维菌素(齐螨素、虫螨光)。微生物发酵产生的抗生素。用0.1%的阿维虫清乳油4000倍液喷雾，防治红蜘蛛。对难以防治的二斑叶螨(也称为白蜘蛛或黄蜘蛛)亦有很好的效果。

红蜘蛛

杂交水稻

★ 杂交水稻的发展历史

说到杂交水稻，就不能不提到杂交水稻之父——袁隆平。袁隆平，1930年9月1日生于北京，江西省德安县人，1995年当选为中国工程院院士。他是中国杂交水稻研究创始人，被誉为“当今中国最著名的科学家”“当代神农氏”“米神”等。

1960年，袁隆平从一些学报上获悉杂交高粱、杂交玉米、无籽西瓜等，都已广泛应用于国内外生产中。这使袁隆平认识到：遗传学家孟德尔、摩尔根及其追随者们提出的基因分离、自由组合和连锁互换等规律对作物育种有着非常重要的意义。于是，袁隆平跳出了无性杂交学说圈，开始进行水稻的有性杂交试验。

1960年7月，他在早稻常规品种试验田里，发现了一株与众不同的水稻植株。第二年春天，他把这株变异株的种子播到试验田里，结果证明了上年发现的那个与众不同的稻株，是地地道道的“天然杂交稻”。他想：既然自然界客观存在着“天然杂交稻”，只要我们能探索其中的规律与奥秘，就一定可以按照我们的要求，培育出人工杂交稻来，从而利用其杂交优势，提高水稻的产量。这样，袁隆平从实践及推理中突破了水稻为自花传粉植物而无杂种优势的传统观念的束缚，把精力转到培育

杂交水稻

人工杂交水稻这一崭新课题上来。

在1964年到1965年两年的水稻开花季节里，他对水稻雄性不育材料有了较丰富的认识，并根据所积累的科学数据，撰写成了论文《水稻的雄性不孕性》，发表在《科学通报》上。这是国内第一次论述水稻雄性不育性的论文，袁隆平在这篇论文中不仅详尽叙述了水稻雄性不育株的特点，并就当时发现的材料将其区分为无花粉、花粉败育和部分雄性不育三种类型。从1964年发现“天然雄性不育株”算起，袁隆平和助手们整整花了6年时间，先后用1000多个品种，做了3000多个杂交组合，仍然没有培育出不育株率和不育度都达到100%的不育系来。袁隆平总结了6年来的经验教训，并根据自己观察到的不育现象，认识到必须跳出栽培稻的小圈子，重新选用亲本材料，提出利用“远缘的野生稻与栽培稻杂交”的新设想。在这一思想指导下，袁隆平带领助手李必湖于1970年11月23日在海南岛的普通野生稻群落中，发现一株雄花败育株，并用广场矮、京引66等品种测交，发现其对野败不育株有保持能力，这就为培育水稻不育系和随后的“三系”配套打开了突破口，给杂交稻研究带来了新的转机。

袁隆平及时向全国育种专家和技术人员通报了他们的最新发现，并慷慨地把历尽艰辛才发现的成果奉献出来，分送给有关单位进行研究，协作攻克“三系”配套关。1972年，农业部把杂交稻列为全国重点科研项目，组成了全国范围的攻关协作网。1973年，广大科技人员在突破“不育系”和“保持系”的基础上，选用1000多个品种进行测交筛选，找到了1000多个具有恢复能力的品种。张先程、袁隆平等率先找到了一批以IR24为代表的优势强、花粉量大、恢复度在90%以上的“恢复系”。

1973年10月，袁隆平发表了题为《利用野败选育三系的进展》的论文，正式宣告我国籼型杂交水稻“三系”配套成功。这是我国水稻育种的一个重大突破。紧接着，他和同事们又相继攻克了杂种“优势关”和“制种关”，为水稻杂种优势利用铺平了道路。

20世纪90年代后期，美国学者布朗抛出“中国威胁论”，在世界上引起了强烈的反响。这时，袁隆平向世界发出了“中国不仅完全能解决自己的吃饭问题，中国还能帮助世界人民解决吃饭问题”的豪言壮语。事实上，对此袁隆平早有考虑。早在1986年，他就在其论文《杂交水稻的育种战略》中提出将杂交稻的育种从选育方法上分为三系法、两系法和一系法三个发展阶段，即育种程序朝着由繁至简且效率越来越高的方向发展；从杂种优势水平的利用上分为品种间、亚种间和远

袁隆平与杂交水稻

缘杂种优势的利用三个发展阶段，即优势利用朝着越来越强的方向发展。根据这一设想，杂交水稻每进入一个新阶段都是一次新突破，都将把水稻产量推向一个更高的水平。1995年8月，袁隆平郑重宣布：我国历经9年的两系法杂交水稻研究已取得突破性进展，可以在生产上大面积推广。正如袁隆平在育种战略上所设想的，两系法杂交水稻确实表现出更好的增产效果，普遍比同期的三系杂交稻每公顷增产750～1500千克，且米质有了较大的提高。国家“863”计划也已经将培矮系列组合作为两系法杂交水稻先锋组合，加大力度在全国推广。

袁隆平

1998年8月，袁隆平又向朱总理提出选育超级杂交水稻的研究课题。朱总理当即决定划拨1000万元予以支持。在海南三亚农场基地，袁隆平率领着一支由全国十多个省、区成员单位参加的协作攻关大军，经过日夜奋战终于攻克了两系法杂交水稻难关。经过近一年的艰苦努力，超级杂交稻在小面积试种获得成功，亩产达到800千克，并在西南农业大学等地引种成功。2000年，袁隆平实现了农业部制定的中国超级稻育种的第一期目

袁隆平像

标。2004年，袁隆平提前一年实现了超级稻第二期目标。袁隆平发明的杂交水稻技术，为世界粮食安全作出了杰出贡献，增产的粮食每年为世界解决了3500万人的吃饭问题。

★ 杂交水稻的品种

恢复系：是一种正常的水稻品种，它的特殊功能是用它的花粉授给不育系，所产生的杂交种雄性恢复正常，能自交结实，如果该杂交种有优势的话，就可用于生产。

保持系：是一种正常的水稻品种，它的特殊功能是用它的花粉授给不育系后，所产生后代，仍然是雄性不育的。因此，借助保持系，不育系就能一代一代地繁殖下去。

雄性不育系：是一种雄性退化但雌蕊正常的母水稻，由于花粉无力生活，不能自花授粉结实，只有依靠外来花粉才能受精结实。因此，借

杂交水稻

助这种母水稻作为遗传工具，通过人工辅助授粉的办法，就能大量生产杂交种子。

三系杂交水稻：是指雄性不育系、保持系和恢复系三系配套育种，不育系为生产大量杂交种子提供了可能性，借助保持系来繁殖不育系，用恢复系给不育系授粉来生产雄性恢复且有优势的杂交稻。

两系杂交稻：一种命名为光温敏不育系的水稻，其育性转换与日照长短和温度高低有密切关系，在长日高温条件下，它表现为雄性不育；在短日平温条件下，恢复雄性可育。利用光温敏不育系发展杂交水稻，在夏季长日照下可用来与恢复系制种，在秋季或在海南春季可以繁殖自身，不再需要借助保持系来繁殖不育系。因此，用光温敏不育系配制的杂交稻叫做两系杂交稻。

超级杂交稻：水稻超高产育种，是近20多年来不少国家和研究单位的重点项目。日本率先于1981年开展了水稻超高产育种，并计划在15年内把水稻的产量提高50%。国际水稻研究所1989年启动了“超级稻”育种计划，要求2000年育成产量比当时最高品种高20%~25%的超级稻。但他们的计划至今未实现。我国农业部于1996年立项中国超级稻育种计划，其中一季杂交稻的产量指标为：第一期（1996—2000年）亩产700千克，第二期（2001—2005年）亩产800千克。其中，第一期杂交稻的产量指标已于2000年完成，第二期杂交稻的产量指标也比预期提前一年在2004实现。

农业百花园

水稻种植步骤

整地：这个过程分为粗耕、细耕和盖平三个期间。过去使用兽力和犁具，主要是水牛来整地犁田，但现在多用机器整地了。

育苗：农民先在某块田中培育秧苗，此田往往会被称为秧田，在撒下稻种后，农人多半会在土上洒一层稻壳灰；现代则多由专门的育苗中心使用育苗箱来使稻苗成长，好的稻苗是稻作成功的关键。

插秧：将秧苗插进稻田中，间隔有序。传统的插秧法会使用秧绳、秧标或插秧轮，来在稻田中做记号。手工插秧时，左手的大拇指上戴分秧器，能帮助农人将秧苗分出，并插进田里。

除草除虫：秧苗成长的时候，得经常拔除杂草，有时也需用农药来除掉害虫。

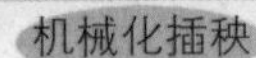
机械化插秧

收割水稻

施肥：秧苗在抽高，长出第一节稻茎的时候往往需要施肥，让稻苗成长得健壮，并促进日后结穗米质的饱满和数量。

灌排水：一般都需在插秧后，幼穗形成时，还有抽穗开花期加强水份灌溉。

收成：当稻穗垂下，金黄饱满时，就可以收成。

干燥、删选：收成的稻谷多在三合院的前院晒，让稻谷干燥。删选则是将瘪谷等杂质删掉，将饱满有重量的稻谷筛选出来。

激光育种

在20世纪60年代之后，激光就已经被广泛应用于人类生活的各个领域。尽管在农业领域的应用还处在探索阶段，但是许多人都相信，这项技术在农业领域的应用前景还是十分广阔的。举例来说，利用激光辐射可以选择和培育农作物的优良品种；研究病虫害的发生、发展规律以及防治方法，以及各种农副产品的保管方法；研究植物从发芽到成熟结籽的各种基本过程以及光合作用的基本机理。此外，还可以利用激光遥测对农作物产量进行估算和预报等。

☆ 激光育种的概念

激光育种是指选用适当波段剂量的激光照射植物种子和其他器官，以诱发突变，进而在其后代中，选择优良变异个体，有可能培育成新品种。它是突变育种的一种。目前，激光育种已在果树等植物育种上应用并获得初步成功。除此之外，激光育种也可照射卵、蛹，用于家蚕育种上。

★ 激光育种的发展

激光育种是激光技术在农业中的最新应用，并已经获得了成功。它是在其他高科技成果的基础上发展起来的，是在微波育种、X射线育种、放射性同位素育种、中子育种等背景下出现的。

早在20世纪60年代，科学家就发现，利用红宝石激光照射胡萝卜、蚕虫等种子，可以有效提高其发芽率和出苗率。受到这一启发，科学家开始考虑用激光束来照射种子。由于激光束具有很强的光照度，因此，经过它照射的种子应该有出乎人意料的结果。科学家的预想通过实验变为了现实，结果证明这一预想是科学合理的。20世纪90年代，俄罗斯科学家用波长441.6纳米、强度10瓦的蓝色氦——镉激光束照射种子两个小时，3个小时后再用波长632.8纳米、同样强度的红色氦——氖激光束照射两小时，由这种小麦种子长成的小麦分蘖抽穗多，穗头饱满结实，平均每亩小麦可以提

激光培育的蚕豆植株

激光育种的桃子

高产量60千克，蛋白质含量增加5%。我国也掌握了这一技术，而且水平居于世界前列。我国试验激光育种的植物品种包括水稻、小麦、大豆、玉米、谷子、蚕豆、油菜等200多种植物种子。

激光育种方法方便易行，可以照射在植株的特定部位，按波长、剂量、部位和照射时间来进行研究。种子经过激光照射以后，可以大大提高产量。例如用激光培育的油菜种子，经过大面积试种，能够提高60%的产量。

油菜种子

无土栽培

无土栽培是指不用土壤，用其他东西培养植物的方法，包括水培、雾（气）培、基质栽培。19世纪中，W.克诺普等发展了这种方法。20世纪30年代开始，这种技术应用到农业生产上。21世纪人们进一步改进技术，使得无土栽培得到快速发展。无土栽培的优点是幼苗生长迅速，苗龄短，根系发育好，幼苗健壮、整齐，定植后缓苗时间短，易成活。不论是基质育苗还是营养液育苗，都可保证水分和养分供应充足，基质通气良好。同时，无土育苗便于科学、规范管理。

无土栽培中用人工配制的培养液，是为了植物矿物营养的需要。多年的实践证明，大豆、菜豆、豌豆、小麦、水稻、燕麦、甜菜、马铃薯、甘蓝、叶莴苣、番茄、黄瓜等作物，无土栽培的产量都比土壤栽培的高。

无土栽培的番茄

由于植物对养分的要求因种类和生长发育的阶段不同而异，所以配方也要相应地改变，例如叶菜类需要较多的氮素（N），N可以促进叶片的生长；番茄、黄瓜要开花结果，比叶菜类需要较多的P、K、Ca，需要的N

无土栽培蔬菜

则比叶菜类少些。生长发育时期不同，植物对营养元素的需要也不一样。对苗期的番茄培养液里的N、P、K等元素可以少些；长大以后，就要增加其供应量。夏季日照长，光强、温度都高，番茄需要的N比秋季、初冬时多。在秋季、初冬生长的番茄要求较多的K，以改善其果实的质量。培养同一种植物，在它的一生中也要不断地修改培养液的配方。

无土栽培所用的培养液可以循环使用。配好的培养液经过植物对离子的选择性吸收，某些离子的浓度降低得比另一些离子快，各元素间比例和pH值都发生变化，逐渐不适合植物需要。所以每隔一段时间，要用NaOH或HCl调节培养液的pH，并补充浓度降低较多的元素。由于pH和某些离子的浓度可用选择性电极连续测定，所以可以自动控制所加酸、碱或补充元素的量。但这种循环使用不能无限制地继续下去。用固体惰性介质加培养液培养时，也要定期排出营养液，或用点灌培养液的方法，供给植物根部足够的氧。当植物蒸腾旺盛的时候，培养液的浓度增加，这时需补充些水。无土栽培成功的关键在于管理好所用的培养液，使之符合最优营养状态的需要。

无土栽培与常规栽培的区别，就是不用土壤，直接用营养液来栽培植物。为了固定植物，增加空气含量，大多数采用砾、沙、泥炭、蛭

珍珠岩

石、珍珠岩、岩棉、锯木屑等作为固定基质。其优点是可以有效地控制花卉在生长发育过程中对温度、水分、光照、养分和空气的最佳要求。由于无土栽培花卉不用土壤，可扩大种植范围，加速花卉生长，提高花卉质量，节省肥水，节省人工操作，节省劳力和费用。缺点是一次性投资较大，需要增添设备，如果营养源受到污染，容易蔓延。而且营养液配制需要专业的技术知识。

★ 无土栽培的要点

不论采用何种类型的无土栽培，几个最基本的要点必须掌握。首先，无土栽培时营养液必须溶解在水中，然后供给植物根系。

紫甘蓝

其次，水质与营养液的配制有密切关系。水质标准的主要指标是电导度，pH值和有害物质含量是否超标。电导度是溶液含盐浓度的指标，通常用毫西门子表示。各种作物耐盐性不同，耐盐性强的如甜菜、菠菜、甘蓝类；耐盐中等的如黄瓜、菜豆、甜椒等。无土栽培对水质要求严格，尤其是水培，因为它不像土栽培具有缓冲能力，所以许多元素含量都比土壤栽培允许的浓度标准低，否则就会发生毒害，一些农田用水不一定适合无土栽培，因此收集雨水做无土栽培，是很好的方法。无土栽培的水，pH值不要太高或太低，因为一般作物对营养液pH值的要求以中性为好，如果水质本身pH值偏低，就要用酸或碱进行调整，既浪费药品又费时费工。

无土栽培

再者，营养液是无土栽培的关键，不同作物要求不同的营养液配方。目前世界上发表的配方很多，但大同小异，因为最初的配方源于对土壤浸提液的化学成分分析。营养液配方中，差别最大的是其中氮和钾的比例。配制营养液要考虑到化学试剂的纯度和成本，生产上可以使用化肥以降低成本。配制的方法是先配出母液，再进行稀释，可以节省容器便于保存。需将含钙的物质单独盛在一容器内，使用时将母液稀释后再与含钙物质的稀释液相混合，尽量避免形成沉淀。营养液的pH值要经过测定，必须调整到适于作物生育的pH值范围内，水培时尤其要注意pH值的调整，以免发生毒害。

最后，用于无土栽培的基质种类很多。可根据当地基质来源，因地制宜地加以选择，尽量选用原料丰富易得、价格低廉、理化性状好的材料做为无土栽培的基质。

水培蔬菜

★ 无土栽培的方法

无土栽培的方法很多，目前生产上常用的有水培、雾（气）培、基质栽培三种方法。

（1）水培是指植物根系直接与营养液接触、不用基质的栽培方法。最早的水培是将植物根系浸入营养液中生长，这种方式会出现缺氧现象，影响根系呼吸，严重时造成料根死亡。为了解决供氧问题，英国在1973年提出了营养液膜法的水培方式。它的原理是使一层很薄的营养液（0.5～1厘米）层，不断循环流经作物根系，既保证不断供给作物水分和养分，又不断供给根系新鲜氧。使用营养液膜水培栽培作物，灌溉技术大大简化，不必每天计算作物需水量，营养元素均衡供给。根系与土壤隔离，可避免各种土传病害，也无需进行土壤消毒。使用此方法栽培的植物直接从溶液中吸取营养，相应根系须根发达，主根明显比露地栽培退化。

（2）雾（气）培又称气培或雾气培。它是指将营养液压缩成气雾状而直接喷到作物的根系上，根系悬挂于容器的空间内部。通常是使用聚丙烯泡沫塑料板，其上按一定距离钻孔，于孔中栽培作物。两块泡沫板斜搭成三角形，形成空间，供液管道在三角形空间内通过，向悬垂下来的根系上喷雾。一般每间隔2～3分钟喷雾几秒钟，营养液循环利用，同时保证作物根系有充足的氧气。但此方法设备费用太高，需要消耗大量电能，且不能停电，没有缓冲的余地，目前还只限于科学研究应用，未进行大面积生产，因此最好不要用此方法。此方法栽培植物机理同水培，因此根系状况亦同水培。

雾培蔬菜

（3）基质栽培是无土栽培中推广面积最大的一种方式。它是指将作物的根系固定在有机或无机的基质中，通过滴灌或细流灌溉的方法，供给作物营养液。栽培基质可以装入塑料袋内，或铺于栽培沟或槽内。基质栽培的营养液是不循环的，称为开路系统，这样可以避免病害通过营养液的循环而传播。

岩 棉

基质栽培缓冲能力强，不存在水分、养分与供氧之间的矛盾，且设备较水培和雾培简单，甚至可不需要动力，所以投资少、成本低，生产中普遍采用。从我国的现状出发，基质栽培是我国最具有现实意义的一种方式。目前，欧洲许多国家应用较多的基质是岩棉，它是由60%的辉绿岩，20%石灰石和20%的焦碳混合后，在1600℃的高温下煅烧熔化，再喷成直径为0.005毫米的纤维，而后冷却压成板块或各种形状。岩棉的优点是可形成系列产品（岩棉栓、块、板等），使用搬运方便，并可进行消毒后多次使用。但是岩棉不能循环使用，而且废岩棉的处理也比较困难，在使用岩棉栽培面积最大的荷兰，已形成公害。所以，日本现在有些人主张开发利用有机基质，使用后可翻入土壤中做肥料而不污染环境。此种方法因为有基质的参与，实际操作中可能会见到主根的长度比一般无土栽培的更长。

固体肥营养液无土栽培

★无土栽培的发展前景

第一，无土栽培技术使农业生产有可能彻底摆脱自然条件的制约。无土栽培技术的出现，使人类获得了包括无机营养条件在内的，对作物全部生长环境进行精密控制的能力，从而使得农业生产有可能彻底摆脱自然条件的制约，完全按照人的愿望，向着自动化、机械化和工厂化的生产方式发展。这将会使农作物的产量以几倍、几十倍甚至成百倍地增长。

第二，无土栽培技术可以使得不能再生的耕地资源得到扩展和补充。从资源的角度看，耕地是一种极为宝贵的、不可再生的资源。由于无土栽培可以将许多不可耕地加以开发利用，所以使得不能再生的耕地资源得到了扩展和补充，这对于缓和及解决地球上日益严重的耕地问题，有着深远的意义。无土栽培不但可使地球上许多荒漠变成绿洲，而且在不久的将来，海洋、太空也将成为新的开发利用领域。美国已将无土栽培列为该国21世纪要发展的十大高技术，并且关于宇宙空间植物栽培的研究报告指出在太空只能进行无土栽培。因而无土栽培技术在日本，已被许多科学家做为研究“宇宙农场”的有力手段，人们所说的太空时代的农业，已经不再是不可思议的幻想了。

第三，无土栽培技术可以使难以再生的水资源得到补偿。水资源的问题，也是世界上日益严重地威胁人类生存发展的大问题。不仅在干旱地区，就是在发达的人口稠密的大城市，水资源紧缺问题也越来越突出。随着人口的不断增长，各种水资源被超量开采，某些地区已近枯竭。所以控制农业用水是节水的措施之一，而无土栽培避免了大量水分的渗漏和流失，使得难以再生的水资源得到补偿。它必将成为节水型农业、旱区农业的必由之路。

但是，无土栽培技术在走向实用化的进程中也存在不少问题。突出的问题是成本高、一次性投资大，同时还要求较高的管理水平，管理人员必须具备一定的科学知识。从理论上讲，进一步研究矿质营养状况的生理指标，减少管理上的盲目性，也是有待解决的问题。此外，无土栽培中的病虫防治，基质和营养液的消毒，废弃基质的处理等种种问题，也需进一步研究解决。但是随着科学技术的发展、提高，更重要的是这项新技术本身固有的种种优越性，已向人们显示了无限广阔的发展前景。

水培花卉品种

香石竹、文竹、非洲菊、郁金香、风信子、菊花、马蹄莲、大岩桐、仙客来、月季、唐菖蒲、兰花、万年青、曼丽榕、巴西木、绿巨人、鹅掌柴以及盆景花卉（如福建茶、九里香）等花卉水培的效果都很好。

一般可进行水培的还有龟背竹、米兰、君子兰、茶花、月季、茉莉、杜鹃、金梧、万年青、紫罗兰、蝴蝶兰、倒挂金钟、五针松、喜树蕉、橡胶榕、巴西铁、秋海棠类、蕨

水培花卉

类植物、棕榈科植物等。还有各种观叶植物。如天南星科的丛生春芋、银包芋、火鹤花、广东吊兰、银边万年青；景天种类的莲花掌、芙蓉掌及其他类的君子兰、兜兰、蟹爪兰、富贵竹、吊凤梨、银叶菊、巴西木、常春藤，彩叶草等百余种。

水培花卉

无机化肥

无机化肥是指用化学合成方法生产的肥料，包括氮、磷、钾、复合肥，是用无机物制作的肥料。在古老的东方大地上，农民们为了使庄稼丰收，传统的做法是给庄稼施用人畜粪便，以增加土壤的肥力。现代化的农业生产中，出现了新的增加土壤肥力的途径——给庄稼施用无机肥料，如氮、磷、钾肥等等。这种办法见效快，能使农作物长年高产稳产，因此颇受农民的欢迎。

★无机化肥的发明

1803年，李比希诞生在德国的黑森公国首都达姆施塔特。他自幼对其他学科都不感兴趣，单单喜欢化学。18岁时，李比希认识到，要想

成为一名化学家，必须要有扎实的知识基础，于是他才进入大学发奋苦读。1824年，李比希获得化学博士学位。回德国后，黑森公国政府聘其为吉森大学的化学教授。在黑森公国首都市郊，有一大片农田。细心的李比希注意到，市郊的庄稼在逐年减产，农民们都很是发愁。于是，李比希想，如果能给土地添加些营养，庄稼也许就会获得丰收。

有了这个想法以后，李比希便开始翻阅大量的书籍报刊，发现东方古老的国度中国、印度等地的农民为使庄稼丰收，会不断地给土地施用人畜粪便。李比希清楚地知道，这一定是由于粪便中含有使土壤肥沃的成分，能促使庄稼吸收到生长所需要的物质。但是，这种方法要想引进欧洲简直就是不可能的事，因为在欧洲人的心理，这种做法是他们不能接受的。

为此，李比希开始进行了大量的实验。在实验中，他发现氮、氢、氧这3种元素是植物生长不可缺少的物质。而且，钾、苏打、石灰、磷等物质对植物的生长发育能起到一定的促进作用。于是，李比希便试着研制出含有这些无机盐和矿物质的人工合成肥料。

李比希

1840年的一天，世界上第一批钾肥、磷肥终于在李比希的化学实验室里诞生了。他把这些洁白晶莹的无机化肥小心地施洒在实验田里，然后密切注意着庄稼的变化。可是没过几天，下了一场大雨。助手们发现那些化肥晶体被雨水一泡后，很快变成液体渗入土壤的深层，而庄稼的根部

却大多分布在土壤的浅层。果然，到了收获的季节，实验田里的庄稼并没有显著的增产。

于是，他们又开始了新的探索。这一次，李比希把钾、磷酸晶体合成难溶于水的盐类，并且加入少量的氨，使这种盐类成为含有氮、磷、钾3种元素的白色晶体。最后，李比希和助手们把这些白色晶体和粘土、岩盐搅拌在一起，施在一块贫瘠的土地上，然后种上了庄稼。过了一段时间，他们惊奇地发现那块被废弃的贫瘠土地上竟然奇迹般地长出了绿油油的一片庄稼，而且越长越茁壮。转眼，收获的季节到了。这块贫瘠的土地获得了大丰收，比农民在良田里种下的庄稼长势还要好。

消息传开后，李比希成为德国农民们最敬仰的人物，为了感谢他对农业的贡献，人们称他为“无机化肥之父”。无机化肥也被广泛运用于农业生产中，造福人类。

钾　肥

岩　盐

★无机化肥的种类

化肥多属无机肥料，肥效快，又叫速效肥料，有氮、磷、钾、钙肥。

（1）氮肥。无机

氮肥主要有硫酸铵、硝酸铵、碳酸铵、尿素等。其作用是为水中浮游植物提供氮元素，促进浮游植物大量繁殖。

（2）磷肥。无机磷肥主要有过磷酸钙和钙镁磷肥，此外磷矿粉等也是常用磷肥。池塘中磷的含量一般是不足的，池塘天然鱼产量低，基本上发生在池塘土壤或塘泥缺磷的情况下。池塘施用磷肥，能促进水中固氮细菌和硝化细菌的繁殖。

（3）钾肥。无机钾肥主要有氯化钾、硫酸钾、草木灰等。钾肥是池塘生物的主要营养物质之一。池塘水大都含钾充分，因此钾肥在养殖池塘中的作用比氮肥和磷肥小些。

（4）钙肥。钙肥的种类有生石灰、消石灰和碳酸钙等。钙肥的作用除直接作为各种水生植物、动物和鱼类的营养物质外，同时也影响到池塘水和土壤中的化学物理变化，促进外部环境条件的改善，间接影响池塘生产力。

复合肥

磷 肥

生态农业

生态农业是相对于石油农业提出的概念，是一个原则性的模式而不是严格的标准。它是指在保护、改善农业生态环境的前提下，遵循生态学、生态经济学规律，运用系统工程方法和现代科学技术，集约化经营的农业发展模式，是按照生态学原理和经济学原理，运用现代科学技术成果和现代管理手段，以及传统农业的有效经验建立起来的，能获得较高的经济效益、生态效益和社会效益的现代化农业。生态农业作为一种环保产业，强调农业生态系统总体效益的提高和产出结构的优化，强调生态系统各要素的整体性、综合性、协调性的有机统一，强调开放性与稳定性的有机统一。

在国外，生态农业又被称为自然农业、有机农业和生物农业，其生产出来的食品被称为自然食品、有机食品和生态食品等。虽然各国对生态产品的叫法各不相同，但生态农业的宗旨和目的是一致的：都是力求在洁净的土地上，用洁净的生产方式生产洁净的食品，以提高人们的健康水平，协调经济发展与环境保护、资源利用之间的关系，形成生态和经济的良性循环，实现农业的可持续发展。

★生态农业的内涵

生态农业是以生态学理论为主导，运用系统工程方法，以合理利用

生态食品

农业自然资源和保护良好的生态环境为前提，因地制宜地规划、组织和进行农业生产的一种农业。它是20世纪60年代末期作为“石油农业”的对立面而出现的概念，被认为是继“石油农业”之后世界农业发展的一个重要阶段。生态农业主要通过提高太阳能的固定率和利用率、生物能的转化率、废弃物的再循环利用率等方式，促进物质在农业生态系统内部的循环利用和多次重复利用，以尽可能少的投入，求得尽可能多的产出，并获得生产发展、能源再利用、生态环境保护、经济效益等相统一的综合性效果，使农业生产始终处于良性循环之中。

生态农业不同于一般农业，它不仅避免了石油农业的弊端，而且还发挥了其优越性。它通过适量施用化肥和低毒高效农药，突破传统农业的局限，但又保持其精耕细作、施用有机肥、间作套种的优良传统。它既是有机农业与无机农业相结合的综合体，又是一个庞大的综合系统工程和高效的、复杂的人工生态系统以及以生态经济系统原理为指导建立起来的资源、环境、效率、效益兼顾的综合性农业生产体系。

中国的生态农业包括农、林、牧、副、渔和某些乡镇企业在内的多成分、多层次、多部门相结合的复合农业系统。在20世纪70年代的主要措施是实行粮、豆轮作，混种牧

混合放牧

生态农业

草，混合放牧，增施有机肥，采用生物防治，实行少免耕，减少化肥、农药、机械的投入等；20世纪80年代创造了许多具有明显增产增收效益的生态农业模式，如稻田养鱼、林粮、林果、林药间作的主体农业模式，农、林、牧结合，粮、桑、渔结合，种、养结合等复合生态系统模式，鸡粪喂猪、猪粪喂鱼等有机废物多级综合利用的模式。

生态农业的生产以资源的永续利用和生态环境保护为重要前提，根据生物与环境相协调适应、物种优化组合、能量物质高效率运转、输入输出平衡等原理，运用系统工程方法，依靠现代科学技术和社会经济信息的输入组织生产。通过食物链网络化、农业废弃物资源化，充分发挥资源潜力和物种多样性优势，建立良性物质循环体系，促进农业持续稳定地发展，实现经济、社会、生态效益的统一。因此，生态农业是一种知识密集型的现代农业体系，是农业发展的新型模式。

★生态农业的特点

生态农业是按照生态学原理和生态经济规律，因地制宜地设计、组装、调整和管理农业生产

生态农业

和农村经济的系统工程体系。它要求把发展粮食与多种经济作物生产，发展大田种植与林、牧、副、渔业，发展大农业与第二、三产业结合起来，利用传统农业精华和现代科技成果，通过人工设计生态工程、协调发展与环境之间、资源利用与保护之间的矛盾，形成生态上与经济上的两个良性循环和经济、生态、社会三大效益的统一。生态农业的主要特点有以下几个方面：

生态农业

第一，综合性。生态农业强调发挥农业生态系统的整体功能，以大农业为出发点，按照“整体、协调、循环、再生”的原则，全面规划，调整和优化农业结

构，使农、林、牧、副、渔各业和农村一、二、三产业综合发展，并使各业之间互相支持，相得益彰，提高综合生产能力。

第二，多样性。生态农业针对我国地域辽阔，资源基础、各地自然条件、经济与社会发展水平差异较大的情况，充分吸收我国传统农业精华，结合现代科学技术，以多种生态模式、生态工程和丰富多彩的技术类型装备农业生产，使各区域都能扬长避短，充分发挥地区优势，各产业都根据社会需要与当地实际协调发展。

第三，高效性。生态农业通过物质循环和能量多层次综合利用和系列化深加工，实现经济增值，实行废弃物资源化利用，降低农业成本，提高效益，为农村大量剩余劳动力创造农业内部就业机会，保护农民从事农业的积极性。

第四，持续性。发展生态农业能够保护和改善生态环境，防治污染，维护生态平衡，提高农产品的安全性，变农业和农村经济的常规发展为持续发展，把环境建设同经济发展紧密结合起来，在最大限度地满足人们对农产品日益增长的需求的同时，提高生态系统的稳定性和持续性，增强农业发展后劲。

生态农业

（1）世界生态农业的发展现状

据资料统计，目前在世界上实行生态管理的农业用地约1055万公顷，其中澳大利亚生态农地面积最大，拥有529万公顷，占世界总生态用地面积的50%；其次是意大利和美国，分别有95万公顷和90万公顷。如果从生态农地占农业用地总面积的比例来看，欧洲国家普遍较高，而大多数亚洲国家的生态农地面积较小，在总计为4万公顷的生态农地中，土耳其占1.8万公顷，日本占5000公顷，以色列和中国各约4000公顷。据有关方面估计，现在全球每年生态农业产品总值达250亿美元，其中，欧盟100亿美元，澳大利亚35亿美元，美国和加拿大100亿美元。除德国外，欧洲生态食品消费较多的国家还包括法国、英国、瑞士、荷兰、丹麦和意大利，产品种类包括作物产品、肉类、奶制品、水果等。

（2）世界生态农业的发展趋势

随着高新技术的迅猛发展，生态农业已经成为21世纪世界农业的主导模式，它已经越来越得到广大消费者、政府和经营企业的一致认可，生态食品消费已成为一种新的消费时尚。尽管生态食品的价格比一般食品贵，但在西欧、美国等生活水平比较高的国家，生态食品仍然受到人们的青睐，不少工业发达国家对生态食品的需求量甚至大大超过了对本国产品的需求。随着世界生态农业产品需求的逐年增多和市场全球化的发展，生态农业成为了21世纪世界农业的主流和发展方向。生态农业的发展趋势主要体现在以下几个方面。

第一，生态农业的规模将不断扩大，速度将不断加快。随着可持续发展战略得到全球的共同响应，生态农业作为可持续农业发展的一种实践模式和一支重要力量，已进入了一个崭新的发展时期，其规模和速度不断加强，并进人产业化发展的时期。

第二，各国生态食品的标准及认证体系将进一步统一。目前，国际生态农业和生态农产品的法规与管理体系分为联合国层次、国际非政府组织层次、国家层次3个层次。随着生态农业的不断发展，这3个层次之间的标准和认证体系将彼此协调统一，逐步融合成一个国际化的生态食品标准和认证体系，各国间将逐渐消除贸易歧视，削弱和淡化因标准歧视所引起的技术壁垒和贸易争端。

第三，生态农业的生产和贸易相互促进、协调发展。随着全球经济一体化和世界贸易自由化的发展，各国在降低关税的同时，与环境技术贸易相关的绿色壁垒日趋森严，尤其是对与农产品生产和贸易有关的环保技术和产品卫生安全标准要求更加严格，食品的生产方式、技术标准、认证管理等延伸扩展性附加条件对农产品国际贸易将产生重要影响。这就要求生态农产品在进入国际市场前，必须经过权威机构按照通行的标准加以认证。目前，国际标准化委员会

生态农业

(1SO)已制定了环境国际标准IS014000，与以前制定的IS09000一起作为世界贸易标准。绿色壁垒虽然在短期内对各国的贸易产生了一定的负面影响，但是从长远来看，也促使各国不断提高和统一农产品质量标准，从

而进一步促进世界生态农业的协调发展。

第四，各国将进一步增加在生态食品科研和开发方面的投入。先进的农业技术是生态农业的坚强后盾，生态食品的发展将促使各国增加生态农业开发方面的投入，更加重视科学技术的研究、应用和推广。随着生态食品生产技术研究的纵深发展，以“培育健康的土地，生产健康的动植物，为人类提供安全的食物”为理念的生态农业理论基础将更加巩固，生态农业的生产技术水平将得到进一步提高，生物肥料、生物农药、天然食品及饲料添加剂、动植物生长调节剂等生产资料的研制、应用和推广等方面将进一步加强，生态食品生产过程中的各种技术问题将逐渐被解决。

生态农业

第四章

农业科学技术

技术是人类改变或控制其周围环境的手段或活动，是人类活动的一个专门领域。在古代，技术和科学是分开的。科学知识属于贵族哲学家，技术则由工匠掌握。中世纪后，商业快速发展，社会经济交换活动活跃，促使科学和技术互相接近。到19世纪，技术逐渐以科学作为基础，并与科学紧密结合，进入新的发展时期。20世纪中期以来，科学与技术二者融为一体。科学技术的进步促进了人类物质文明的发展，推动了人类社会的进步。

现代科学技术主要有三个方面的特点，即目的性、社会性、多元性。任何技术从其诞生起就具有目的性而科学技术的目的性贯穿于整个技术活动的过程之中。在这一章里，我们会谈到科学技术给一些生产活动带来的积极作用，比如水稻旱作技术能够起到节水的作用和效果、飞机播种技术可以大大提高农业生产率、降低农作物的生产成本，人工种子技术可以使农业生产形态获得多样性发展，农业遥感技术给农业资源调查与动态监测、生物产量估计、农业灾害预报与灾后评估方面带来的积极影响等。下面，我们先来谈一下水稻旱作技术的相关内容。

水稻旱作技术

水稻旱作又叫旱田种稻，是指在旱田条件下，选用耐旱性强的优质水稻品种，采取旱田直播，能够真正起到节水的作用和效果。但随着世界淡水资源的不断减少，水稻种植的成本也在不断增加。于是人们开始考虑将水稻种在陆地上。目前，已经有一些发达国家掌握了这种水稻旱作技术。

★ 水稻旱作的几种方法

发达国家在很早就着手进行这项技术的研究了，他们急于掌握这项技术，主要是为了发展节水农业。目前，世界上关于水稻旱作的最新方法主要有以下三种。

一种叫做水稻旱作孔栽法。这种新方法是由美国新奥尔良的泰斯农场发明的。它的具体做法是：在湿润免耕的土地上，用小巧的打孔播种机打出直径约3厘米、深13～15厘米的孔，打孔时随即播下1～2粒稻种，播完以后用土肥将孔

水稻旱栽

掩盖好，并在孔中灌满水，孔周围土壤要保持湿润。一般情况下，在下种40天内可以不给水。用这种方法育出来的稻苗，根长得很深而且有粗壮的根系，可以有效地吸收地下水，从而节约了灌溉用水。

另一种方法叫做水稻纸膜覆盖旱栽法。这是由日本的新泻农场最先采用的方法。这种方法主要是利用旧报纸、废纸或再生纸膜作为覆盖膜，水稻旱栽时只浸灌一次，将纸膜覆盖在泥土表面，纸可以用来遮挡直射的太阳光、防止水分蒸发、保水保墒、减少杂草生长。2～3个月以后，纸膜逐渐被分解，并最终融入土壤中。这种方法可以减少55%～70%的用水量，而且还可以用于其他旱作物的保水。

水稻抽穗

除了上面介绍的两种水稻旱作技术方法外，还有一种方法叫做水稻高产半旱作技术，这是由日本原正水稻技术研究所研制出来的一套水稻高产半旱作栽培的新技术。该技术要求在前期以露泥为主，并灌水、通气，以促进根的成长，保持常规用水量的30%左右。幼穗形成以后，一般用田间接灌水的方法来协调地下部分（根部）与地上部分（茎叶）生长所需养分的关系，用水带动肥料进入土壤，不做漫灌。抽穗时，田间保持土壤水分饱和状态。抽穗以后，前期保持土壤水分，后期采取湿润灌溉，收割前十多天将土壤由湿润逐渐变干燥，防止因突然脱水而影响产量。

以上介绍的几种水稻旱作技术是发展节水农业的一条主要途径。众所周知，我国是一个水稻大国，同时又是一个淡水资源非常缺乏的国家，因此更是迫切需要推广水稻旱作技术。农业部已经将此项目列为今后农业技术推广的重大项目之一。

★水稻旱作栽培技术的过程

水稻旱作是采用生育期较短、抗旱性和抗病性较强、米质较优的水稻或水陆稻杂交选育的品种，在旱田直接播种，生育期间不建水层的种植方式。水稻旱作栽培技术的过程中主要要注意以下几点：

（1）地块选择及整地。适宜水稻旱作的地块主要为土层较肥沃，中性土壤，有水源保证，山根地、涝洼地，地下水位较高，靠近水田地块及有水浇条件的地块。整地则最好是在秋天，特别是涝洼地秋季整地可提高地温及早播种。整地是用机械旋耕或马犁翻后拖平，压实保墒，用耙子搂成东西宽1.8米（播种6行，行距30厘米），南北长5～7米的畦田，埂宽20～30厘米，埂高15厘米，畦田宽应是两个播种机幅宽。地面要求平坦，田的四周可修成宽0.9米的宽水渠（渠道、渠沟各占30厘米，沟深30厘米），干旱时灌水。

（2）种子选择及播种。选择适宜当地种植的旱作水稻品种种子，种子要质量好，发芽率高，播种期要求在4月20～25日，9月中下旬成熟。播种前晾晒种，种子生育期偏长，如土壤墒情好，可先浸种，用杀菌剂浸泡2～3天，播前捞出控水，待播种。播种量根据种子发芽率、整地质量、播种时风力等适当增减，一般以亩播量在7.5～10千克为宜。一般播种前田间每亩散施毒土2.5千克或施甲拌磷2.5千克，防治地下害虫。播种时间沈阳地区以4月20～25日为宜，土壤墒情好，确保种子出苗。人工播

水稻种子

种行距30厘米，条播。播幅沟宽6～7厘米，沟深7～8厘米，施底肥，亩施二胺20千克、尿素7.5千克、硫酸钾5千克，混合施入，用镐或脚反沟趟一下，使沟深3厘米左右，踩底格播种。播种时风较大，土壤墒情易损失，可人工开3～4厘米浅沟，化肥按每亩用量混合散扬在每块已开沟的畦田内，踩底格播种用播种机播种施肥铲深5～6厘米，播种铲2～3厘米每亩播量10千克，播后镇压好保墒。播量米间落粒100～120粒。播种后踩格，土壤水分大，土壤粘重覆土浅，墒情不好或砂壤上适当厚覆土，一般覆土深1.5～2厘米。覆土后踩好上格。

（3）土壤封闭的药剂选择及中后期管理。土壤封闭是旱作种稻的关键。药剂选择丁草胺0.3千克/亩加可湿性除草醚（或除草醚乳剂）1千克/亩，混合兑水50千克，在播种后5～7天喷施效果更好，无风天喷施田面，（如下雨之后，或下小雨之前喷），喷匀均不漏喷。待苗长到5～7厘米时，在下雨前（如土壤干旱在灌水前），每亩施分蘖肥硫酸铵25千克。此时田间如有杂草，用快杀稗50克/亩加丁草胺0.15千克/亩，兑水

硫酸钾颗粒

50千克田间喷雾，根据田间杂草量酌情增减喷药速度。

（4）病虫害防治。6月15日至20日一般是正值粘虫大发生期，应及时预防，用甲基1605兑水，田间喷雾，同时可防治二化螟虫，可用敌百虫防治稻螟。抽穗前7~10天，喷施三环唑防稻瘟病，喷施杀菌剂或络氨铜防治稻曲病。抽穗灌浆期要注意稻蝗的危害。

（5）施孕穗肥。7月上旬，亩施硫酸铵15千克，在雨前或灌水前散施于田间。

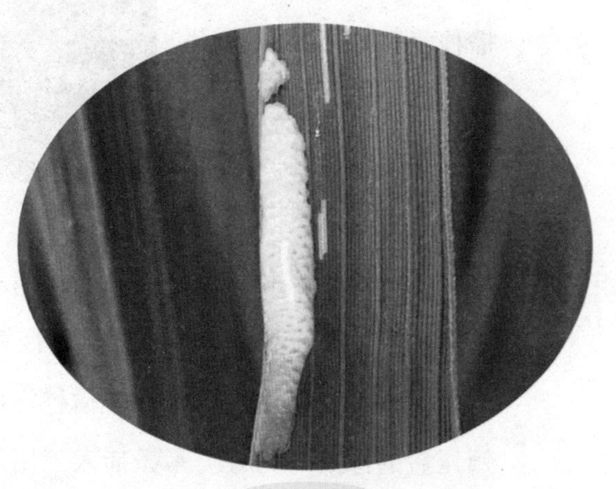
二化螟虫卵

★水稻旱作的技术要点

水稻是长在水里的，但随着世界淡水资源的不断减少，水稻种植的成本也在不断增加。于是人们掌握了水稻旱作的技术，它能够真正起到节水的作用和效果，减少生产成本。水稻旱作的技术要点主要有以下几点：

（1）播前做好准备。一是选好地、整平地。宜选择低湿平肥、杂草少、土壤结构良好、中性偏酸（pH＜1.5），含盐碱量极轻或盐碱土的地块，最好是有一定的补水条件或地下水位较高的地块。整地要精细，尤其是对于水田地块，必须做到秋翻、春耙、搂茬、镇压连续作业、达到地平、墒足、无坷拉的要求。pH＞7.5的盐碱土质及粘坷垃土不宜进行水稻旱作。

（2）选用良种。做好种子处理，选用高产、优质、耐旱、耐盐碱、水旱兼用，且经过兼防病、虫、草于一身的种衣剂包衣好的高科技含量丰优291、丰优205、丰优301、品糯1号（粘稻王）等精良原种。每公顷用种量精量点播60千克，平条播125千克。于播种前5～10天浸种催芽或干籽待播种均可。

不适宜种水稻的粘坷垃土

（3）播种及田间栽培管理要求。一是掌握好播种技术和方法。播种期以当地平均气温稳定到10摄氏度以上为适宜。平条播干种每公顷用量175千克，每平方米落粒500粒左右；精量点播干种每公顷用量60千克。播种深度越浅越好，一般以2～3厘米（指镇压后的深度）为好。平条播人工用片镐或机械用犁开沟6～8厘米深，8～10厘米宽，选施磷酸二铵，硫酸铵（各15千克/1000平方米）和硫酸钾（25千克/1000平方米）作口肥，若需防治蝼蛄等地下害虫，可将毒谷灵混入肥中随口肥施下或用毒谷与种子混合播下。播后视土壤墒情决定是否需要踩底格子，用耗子复土后视土壤水分状况及时踩好上格子或用镇压器，全面镇压一次。

（4）搞好田间管理。一是检查播种质量，对复土过浅和不严的地方要及时复土盖严，踩实。对馥土过深或因表土形成硬盖使苗难以出土时，要及时用短齿小铁耗搂开硬盖或厚土，以起到助苗出土和消灭部分苗间杂草的作用。二是要看天、看地、看苗，适时适量追肥，一般在肥力中等的地块上，每1000平方米追施硫酸铵40千克或稍酸铵25千克，追两次，第一次在分蘖始期，选择雨前撒施追肥总量的60%～70%，其余的30%～40%务必在拔节期雨前施入。

（5）要根据自然降水和水稻各生育阶段灵活掌握补水。要人工与药剂除草相结合。第一次苗期灭草亩用5%快杀稗35克加60丁草胺150毫升，兑水50千克均匀喷雾。第二次于杂草再度萌生时，亩用25%苯达松200克，加50%快杀稗35克，兑水50千克喷雾。以后再有杂草则主要靠人工除草。

（6）对稻瘟病重发年份及地块要及早进行防治，一般于水稻破口期和齐穗期各喷药一次。

水稻苗

飞机播种技术

使用飞机大面积播种农作物和进行农作物的田间综合作业，可以大大提高农业生产率，降低农作物的生产成本。这项技术所带来的经济效益和其广阔的发展前景，早已引起世界各国的注意。

★ 飞机播种农作物

从20世纪60年代开始，一些国家开始利用飞机进行水稻、玉米、

飞机播种

小麦等农作物的播种。当然，飞机播种农作物需要与农田建设、平整土地、水层管理、土地连片等综合配套后才能充分发挥其优越性。

20世纪80年代末，日本农林渔航空协会应用小型直升机大面积播种水稻获得成功。这项试验的作业面积共36.3公顷，划分为25个面积在1.5～2.5公顷的试验小区，有6个农民组织参与了试验。在试验区的水稻整个生长期，共使用直升机作业6次，播种1次；喷洒除草剂2次；施肥1次；防治病虫害2次。参试水稻品种有2个，飞机播种稻种事先均作包衣处理，衣种重量为稻谷重量的4倍，每英亩播种量35千克。在崎玉县等13个试验点所进行的这项试验表明，落种均匀度好，还可以在强风条件下作业。直升机的作业效率很高，每小时播种面积15公顷，喷洒农药20公顷。一架直升机每天可以播种35～40公顷。全部试验结果显示，飞机播种水稻每英亩产量454千克，仅比地面栽插水稻少3000克，两者加工后的大米等级相当。另外，飞机播种水稻和田间综合作业每10英亩工时只有9.6～10.6小时，而地面作业为40小时，生产成本比地面作业降低30%。

飞机播种

20世纪60年代，我国成功进行了水稻飞机播种试验。1988年，我国在河南省成功实施了一次小麦飞机播种。河南是我国的农业大省，流经该省的黄河，两岸滩地广阔。1988年，黄河流域历经7次洪峰，使黄河河滩地淤泥深达0.4～1.5米，人、畜、机械均无法进入，从而导致河南省黄河农牧场因无法播种造成秋季几千亩滩地颗粒无收。为使黄河农牧场冬

马尾松

季小麦能及时播种，中国民航当局承接了为该农场沟滩地区飞机播种小麦的任务。经过农业部门的专家论证和机组的模拟试验，最后共飞行127架次，不但使落种密度达到了设计要求，而且为用户节省了50%的飞行费用。

★飞机播种造林

除了用飞机进行大面积播种农作物之外，还可以用飞机撒播林木种子造林。这种方法简称飞播造林。其优点是速度快、工效高、成本低，能应用于交通不便、人烟稀少，其他造林方法难以实行的边远山区、荒野。缺点是落种不均匀，形成的幼林常稀密不均，用种量过大。

飞播造林技术大概开始于20世纪30年代。中国在1956年首次试行于广东省吴川县，用于播种马尾松和台湾相思两种林木。1958－1960年，陕西、宁夏、甘肃、青海、新疆、四川、河南、黑龙江、北京等10个省（市、自治区）又陆续试播过很多其他的树种。1961－1962年，在贵州、广西、广东等地用飞机播种马尾松，在浙江省用飞机播种黑松，都取得了良好的成效。70年代，河北省在山区用飞机播种油松、陕西省在陕北高原用飞机播种沙打旺也都相继获得成功。到1983年，全国保存下来的飞播林面积约占全国造林总面积的16%。

飞播造林除了需要做好规划设计、飞播作业外，在营林技术上也需要重视下面四个环节：

（1）树种选择。首先要考虑本播种区的乡土树种，但是还要考虑的是，乡土树种不一定都适合飞播。为适应飞播后不覆土的条件，选用的树种最好要具有吸水快、需水少、发芽、扎根快的能力。同时飞播造林面积大，用的种子的数量也比较多，因此一定要有充足的种子来源。中国试用于飞播的树种一共有将近30种，但飞播效果好、成林面积大的却只有马尾松、云南松和油松3种。其他如华山松、高山松、黄山松、思茅松等相较于其他树种而言也比较适用于飞播。

（2）播区选择。中国飞播造林效果比较好的播区，大多分布在东半部，而且要是年降水量超过500毫米以上的湿润和半湿润地区。其中，又以湿润地区为最好，半湿润地区次之，半干旱地区和干旱地区效果一般。因此，在选择播区时一定要充分考虑该地区的干湿状况。

（3）飞播季节。中国主要飞播地区的适宜播期大致为：广东、广西南部山地 1～2月，福建、广西北部山地2～3月，浙江、四川东部、湖北西部山地3～4月，云南东南部、四川东北部、秦岭、巴山山地 4月，广西西部、贵州南部及东南部山地4～5月，云南西北部、四川西南部山地5月中旬至6月上旬，陕西北部黄土高原，河北山地6月下旬至7月上旬。

（4）播后管护。播后播区严格封禁3～5年，应有组织地割草，并进行相应的抚育管理。

我们相信，在新的世纪里，飞机播种技术将会得到更为广泛的应用。

华山松

黄山松

有关播种的术语

（1）播种期：各种作物发芽所需的温度范围不同，最低限温度也各异。土温达到某一作物的发芽最低温度就可播种。春季作物过早播种，常因低温，造成种子迟迟不发芽、不出苗而引起病菌侵染。秋播作物过早播种，常因温度过高，幼苗徒长，冬前生长过旺，易遭冻害；过迟播种，常因积温不足，生长不良。或因土壤水分不足，不易保苗，以及冬前积累干物质不足，耐寒力低而不易越冬。

（2）播种深度：一般干旱地区、砂土地、土壤水分不足，以及大粒种子播种宜深；粘质土壤、土壤水分充足的地块、小粒种子、子叶出土的双子叶作物，播种宜浅。

播　种

（3）播种量：单位面积上，播种的种子重量，通常以kg/ha(千克/公顷)表示。种前应结合种子千粒重、发芽率等确定适当播种量。播种量过少，虽然单株生产力高，但总株数不足，很难高产；播种量过多，不仅幼苗生长细弱，浪费种子，间苗、定苗费工，而且也不可能高产。

人工种子技术

人工种子是一项现代高新生物技术，利用前景十分诱人。自20世纪80年代以来，美、日、法、中等几十个国家相继开展了这方面的研究和攻关，目前已研制出水稻、蔬菜、胡萝卜、芹菜、莴苣、花旗松等植物的种子；并在其制作技术及生理生化方面取得了重要成果。我国也把此项研究列为国家高新技术发展的课题，并在棉花、芹菜、水稻等种子的制作技术及生理生化方面取得了重要成果和可喜进展。

★ 人工种子技术的发展

任何一个活细胞都可以在适当的条件下，独立地生长发育并最终形成一个完整的生物体。因此，如果我们把细胞从生物体内取出，接种在特殊的培养容器里，为其提供必要的生长条件，细胞也可以在体外继续生长和增殖。人工种子技术就是在这一基础上获得较快发展的。

人工种子技术最先是由美国的科学家发

明的。美国人爱吃蔬菜，特别喜欢吃芹菜，经过多年的培育，美国生产出了又大又嫩的杂种芹菜。可惜的是，这种芹菜好吃不好种，不但种子小，发芽慢，就连杂交种子的获得也极为困难。因此，这种杂种芹菜种子的价格非常的高。

为了解决这个问题，美国的研究人员可谓是想方设法。他们先把芹菜幼苗的嫩芽切成极小的碎片，使它在特定的条件下诱发形成有生根发芽能力的胚状体，再用一种聚合物包裹作为人造种皮，最后做成了一种像小鱼甘油丸一样的胶囊种子。于是，人工种子就这样诞生了。

人工种子培育的幼苗

★ 人工种子的优点

马铃薯人工种子

人工种子主要包括体细胞胚、人工胚乳和人工种皮三部分。与天然种子相比，人造种子具有许多天然种子所没有的优点。

首先，它解决了有些作物品种繁殖能力差、结籽困难或发芽率低等一系列的问题；有利于保持杂种一代高产优势，防止第二代退化；使一些不育良种得以迅速推广等。

其次，随着包膜技术的改进，人造种皮中可以添加各种附加成分，如固氮细菌防病虫药剂、除草剂和肥料等，有利于培育壮苗、健苗，使作物稳产高产。

再次，人造种子可以工业化生产，可以提高农业的自动化程度。

最后，可以将所有的农作物种子都制作成统一的规格，有利于农业机械的通用化。

★ 人工种子的意义

第一，在无性繁殖植物中，有可能建立一种高效快速的繁殖方法，它既能保持原有品种的种性，又可以使之具有实生苗的复壮效应。

第二，使优异杂种种子不通过有性制种而快速获得大量种子，特别是对于那些制种困难的植物更具有主要的适用意义。

第三，对于一些不能正常产生种子的特殊植物材料如三倍体、非整倍体、工程植物等，有可能通过人工种子在短期内加大繁殖应用。

第四，与田间制种相比，可以节省制种用地，且不受季节限制，可以实现工厂化生产，同时还避免了种子携带病原菌的危险。

第五，与利用试管苗相比，可以避免移栽困难，且可以实现机械化操作，同时还便于储藏和运输。

在我国，人工种子技术有着大好的发展前途和非常广阔的市场。根据我国种子部门的统计，我国每年农作物的用种量多达150多亿千克。如果用人工种子代替，等于增加上亿亩耕地。以萝卜为例，一个12升的发酵罐在20天内生产的体细胞胚可以制成1000万粒人工种子，可供在几万亩土地上种植使用。

人工种子技术的成熟，使农业生产形态获得了多样性发展，并为农业领域多个方面的设施化、产业化、园艺化提供了技术基础。

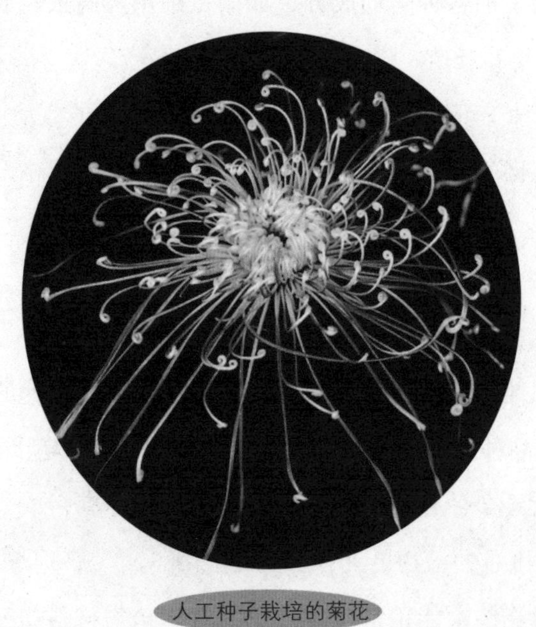

人工种子栽培的菊花

农业遥感技术

农业遥感技术是集空间信息技术，计算机技术，数据库、网络技术于一体，通过地理信息系统技术和全球定位系统技术的支持，在农业资源调整、农作物种植结构、农作物估产、生态环境监测等方面进行全方位的数据管理，数据分析和成果的生成与可视化输出，是目前一种较有效的对地观测技术和信息获取手段。

几十多年来，遥感技术在农业部门的应用也越来越广泛，不仅完成了大量的基础性工作，取得了很大的进展，而且在农业资源调查与动态监测、生物产量估计、农业灾害预报与灾后评估等方面，也取得了丰硕的成果。

★ 农业遥感技术的发展

农业遥感技术的应用发展异常迅速。美国、原苏联、澳大利亚和阿根廷等国都应用卫星遥感进行农作物估产，精确率达90%。日本、德国、印度等国普遍用航空黑白红外、热红外扫描等方法早期辨别小麦锈病、马铃薯疾病、水稻白叶枯病等。中国应用遥感技术进行“三北”防护林资料与生态效益调查以及黄土高原水土流失

对植物进行热红外扫描

调查，都取得了明显的经济效益。

一些发达国家已采用农业数据库和计算机网络技术，使农民能远距离直接存取数据库中的信息，极大地促进了农业生产。在日本，农林省的“生鲜食品流通情报服务中心”与全国77个蔬菜市场、23个畜产市场联机，向各县农协提供农副产品价格、产地、市场流通等情报。此外，日本各县还建立了农业技术情报系统，通过与各用户联机，提供气象、土壤、土地利用、新产品和新技术开发等方面的情报，大大方便了农民的生产安排。

在法国，3万个农场拥有信息设备。加拿大的一家资料库通过信息网向农民提供他们索取的芝加哥交易所的谷物最新价格或未来几小时的气象预报。西班牙卡塔赫纳的一个面积近300公顷的蔬菜农场，浇水和施肥全部由计算机控制。

在英国，1991年建成了第一个生态实验室，能用计算机精确模拟各种生态系统，使科学家们能搞清楚生态系统的形成、食物链的组成稳定性及生物在不同生态中的相互作用。

★ 农业遥感技术的应用

遥感技术的应用范围非常广，包括农业、林业、地质、矿产、水文和水资源、海洋、环境监测等方面的应用。

在农业方面，利用遥感技术可以识别各类农作物，计算其种植面积，并根据作物生长情况估计产量。例如，美国利用卫星遥感资料对世界小麦产量进行估算，精度达90%。这种大面积的估产对于国际贸易、储运、加工等都有重要意义。在作物生长过程中，可以利用遥感技术分析其长势，及时进行灌溉、施肥和收割等。当农作物受灾时，可以实时

生态实验室

监测。

卫星遥感图像

在林业方面，利用遥感技术可以清查森林资源，监测森林火灾和病虫害。火灾是林业的大敌。利用航空红外遥感技术，不仅能发现已燃烧起来的烈火，而且可以探测到面积小于0.1～0.3平方米的小火情，还能及时预报由于自燃尚未起火的隐伏火情。利用卫星遥感，一次就可探测到上千平方千米范围内所发生的林火现象。

在地质方面，遥感技术也为地质研究和勘查提供了先进的手段，可为矿产资源调查提供重要依据与线索，为高寒、荒漠和热带雨林地区的地质工作提供有价值的资料。特别是卫星遥感，为大区域甚至全球范围的地质研究创造了有利的条件。

利用遥感资料可以大大减少野外工作量，节省人力、物力，还加快了速度，提高了精度。这特别适宜区域地质填图。在地质构造方面，利用遥感图像可以进行地质构造分析，能发现地面常规工作不能发现的地质构造，尤其是对于第四纪松散沉积物覆盖下的一些隐伏构造，反映得相当清晰。

在矿产资源调查方面，遥感技术可以根据矿床成因类型，结合地球物理特征，寻找成矿线索或缩小找矿范围。通过成矿条件的分析，提出矿产普查勘探的方向，指出矿区的发展前景。

在工程地质勘测方面，遥感技术主要用于大型堤坝、厂矿及其他建筑工程的选址和道路选线，以及由地震、暴雨等造成的灾害性地质过程的预测等方面。在水文地质勘测中，遥感技术可以查明区域水文地质条件和富水地貌部位，识别含水层及判断充水断层。

此外，利用遥感技术可进行火山活动的监测、地震活动的调查、沙丘移动的研究等。在这里，我们就不详细阐述了。下面，我们要给大家谈的是农业遥感技术的应用。农业遥感技术的应用主要体现在以下三个方面。

发射遥感卫星

（1）利用农业遥感技术进行土地资源调查。它包括对植被、土壤、地形、气候、表层地质、水文和地下潜水等各种农业自然要素的调查。由于航空遥感拍摄的照片直观性和几何精度好，而且影像的光学纠正与精确技术较为成熟，已经成为土地资源调查的常规手段。20世纪70年代以后，卫星遥感开始应用于中小比例尺的土地资源调查与清查。

（2）利用农业遥感技术进行农作物大面积估产。我们可以利用卫星进行某一作物的生态分区，收集每一生态分区内历年该作物的产量以及有关的气象资料，建立产量模式，同时进行与卫星同步的高空、低空和地面光谱观测，然后根据卫星影像所提供的信息进行某一作物的产量估测。卫星遥感给作物产量预测和农业宏观管理提供了便捷的高科技手段。

发射气象卫星

（3）利用农业遥感技术监测和预报灾情。卫星、航空遥感可以根据农业生产的需要，动态监测农田、森林、草场植被指数、农业旱涝以及森林草原火灾等，还可以定期监测土壤的侵蚀、草原的退化、沙化、沙尘暴等影响环境的因素。气象卫星一般通过光谱分类法来判识沙尘暴。当很强的扬沙或沙尘暴出现时，沙尘云会表现出特殊的光谱特征，利用这些特征就可以有效地识别沙尘云。某些地区的暴雨可能造成的灾情，也可以利用当时的卫星影像与常年卫星影像进行对比，便可以获得有关洪水泛滥面积和灾情程度的较准确的结果。此外，还可以通过监测地温、土壤湿度，准确监测和预报旱灾的面积和危害程度。

农业百花园

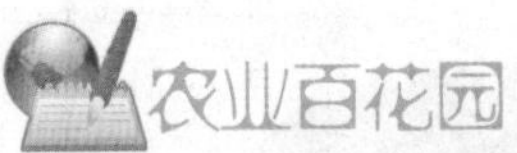

遥感的类型

我们通常从以下三个方面对遥感的类型进行划分：

根据工作平台层面分为：地面遥感、航空遥感（气球、飞机）、航天遥感（人造卫星、飞船）。

根据工作波段层面分为：紫外遥感、可见光遥感、红外遥感、微波遥感、多波段遥感。

根据传感器类型层面分为：主动遥感（微波雷达）、被动遥感（航空航天、卫星）。

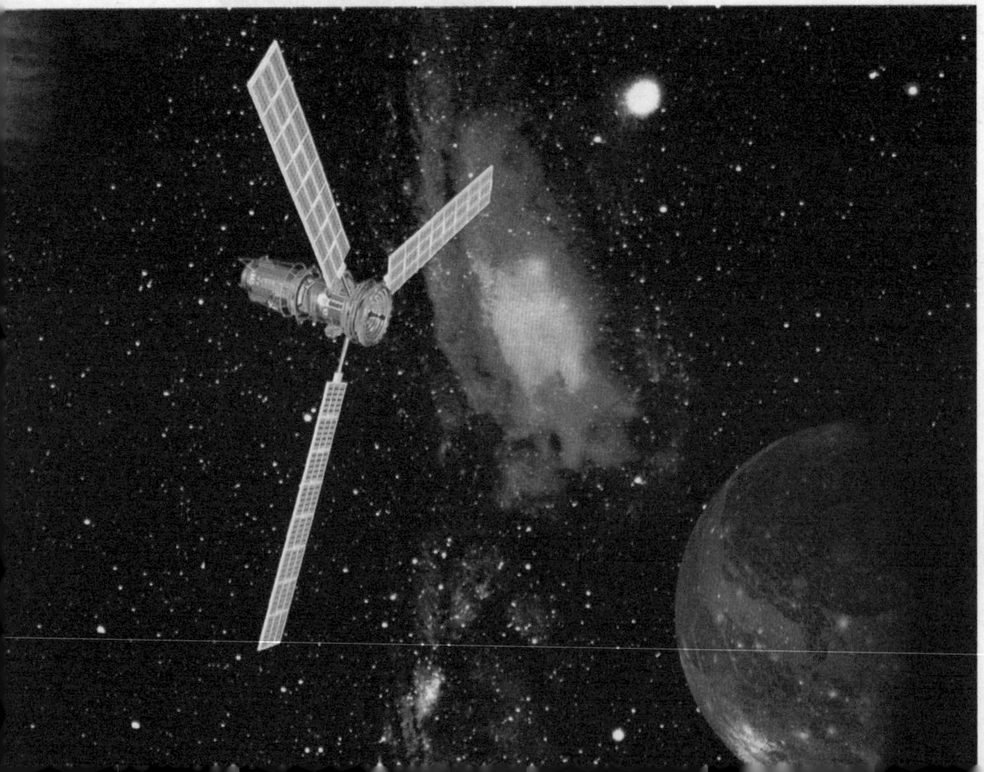

组织培养技术

组织培养技术指的是在无菌的条件下将活器官、组织或细胞置于培养基内，并放在适宜的环境中，进行连续培养而成的细胞、组织或个体。这种技术目前已广泛应用于农业和生物、医药的研究。

植物的组织培养广义又叫离体培养，指的是从植物体中分离出符合需要的组织、器官或细胞、原生质体等，通过无菌操作，在人工控制条件下进行培养以获得再生的完整植株或生产具有经济价值的其他产品的技术。狭义是指用植物各部分组织，如形成层、薄壁组织、叶肉组织、胚乳等进行培养获得再生植株，也指在培养过程中从各器官上产生愈伤组织的培养，愈伤组织再经过再分化形成再生植物。

植物组织培养

★ 组织培养技术的原理和本质

原理：组织培养技术的原理是植物细胞具有全能性。所谓植物细胞的全能性是指植物的任何一个活细胞，在一定条件下都有分化并发育成

完整植物的能力。这种观点是由德国植物学家哈伯兰特于1902年提出的。

本质：组织培养技术的本质是用人工方法，诱导已高度分化了的植物体的一小块器官或组织，经过脱分化产生愈伤组织，然后经过再度分化以及细胞的有丝分裂等过程，快速、大量繁殖植物的一种无性生殖方式。

凤梨组织培养

★ 组织培养技术的条件

（1）温度。光的影响可导致不同的结果。有些植物组织在暗处生长较好，而另一些植物组织在光亮处生长较好，但由愈伤组织分化成器官时，则每日必须要有一定时间的光照才能形成芽和根。有些次生物质的形成，光是决定的因素。因此，对大多数植物组织来说，20℃～28℃即可满足生长所需，其中26℃～27℃最适合，组织培养通常在散射光线下进行。

（2）渗透压。渗透压对植物组织的生长和分化很有影响。在培养基中添加食盐、蔗糖、甘露醇和乙二醇等物质可以调整渗透压。通常1～2个大气压可促进植物组织生长，2个大气压以上时，出现生长障碍，6个大气压时植物组织即无法生存。

（3）酸碱度。一般植物组织生长的最适宜pH为5～6.5。在培养过程中pH可发生变化，加进磷酸氢盐或二氢盐，可起稳定作用。

植物组织培养

（4）通气。悬浮培养中植物组织的旺盛生长必须有良好的通气条件。小量悬浮培养时经常转动或振荡，可起通气和搅拌作用。大量培养中可采用专门的通气和搅拌装置。

★ 组织培养的技术流程

（1）无菌培养的建立。任何植物细胞或组织培养体系的建立，都必须采制适宜的外植体。

（2）诱导外植体生长与分化。将外植体放在培养基里，培养基中含有植物组织正常生长的营养和促使植物进行分化的激素，促使外植体开始分化出新芽。

（3）愈伤组织的形成。在组织培养中，受伤组织切口表面在适宜条件下长出的一种脱分化的组织堆块，称为愈伤组织。此种愈伤组织在适当的培养基上经一定时间即能诱导生长成整株植物。因此愈伤组织既可

试管苗

是某种植物代谢产物的来源，又可是诱导成株的主要途径之一。

（4）促进中间繁殖体的增殖。在第二阶段培养的基础上所获得的芽、苗、胚状体和原球茎等等，数量都还不多，也难以种植到栽培介质中去，这些培养的材料可统称为中间繁殖体，它们需要进一步培养增殖，使之越来越多，才能发挥快速繁殖的优势。

（5）壮苗和生根。在材料增殖到一定数量后，就使部分培养物分流，进入壮苗与生根途径。在生根壮苗培养基上，大多数植物要分离成单苗，有的可分成小丛苗。转移培养后应停止增殖，迅速生根，同时苗也长高，便于以后移栽。

（6）试管苗出瓶种植与苗期管理。经过上面几个阶段，小苗已生根成为完整的再生植株，可以被移植到土壤里了。在这个阶段，湿度要求很高，以使它们适应新的环境。每天将盖在植株上的罩子移开一点，整个过程大约两个星期，让植物慢慢适应外界环境。

★ 组织培养技术的意义

（1）增加遗传变异性，改良作物。首先，通过对花药的培养，从小孢子获得单倍体植株，染色体加倍后可以获得正常二倍体植株。其次，可以采用胚、子房、胚珠培养和试管受精等手段，克服远缘杂交的不亲和性。例如，从玉米的离体子房培养，经体外受粉可以得到种子。再者，由于植物的单细胞培养成功，可以用这个方法诱发单细胞进行

矮牵牛

突变，通过筛选所需要的突变体，然后使细胞分化成植株，再通过有性世代使遗传性稳定下来，这是从细胞水平来改造植物的一种途径。最后，还可以通过异种原生质体的相互融合（即体细胞杂交）为植物育种工作开阔新的途径。如烟草与大豆、烟草与天仙子、矮牵牛与小花矮牵牛、番茄与矮牵牛等融合都得到了杂种植株。此外，通过原生质体融合，并以选择胞质链霉素抗性为手段可以转移烟草的雄性不育性状，或通过原生质体融合转移胞质的抗林可霉素因子都得到了成功。

无籽西瓜

（2）繁殖植物。通过组织培养可以做到快速繁殖。1年中从一个芽得到103～106个芽，达到快速目的。现在在国内外已掀起“试管苗”热，许多花卉、林木、果树、蔬菜都可通过组织培养进行大规模的无性繁殖。我国近年来已获成功的有甘蔗、月季、菊花、无籽西瓜、栎树、山楂、猕猴桃、雪松等。国外在草莓、苹果、柑桔、兰花、石竹、铁线莲、杜鹃、月季、桉树

石　竹

等进行快速繁殖已达到商品化。此外，通过组织培养还可以进行无病毒植株的培育。病毒是植物的严重病害，病毒病的种类不下五百多种。受害的粮食作物有水稻、小麦、马铃薯、甘薯，蔬菜作物有油菜、大蒜，果树有柑桔、苹果、枣，花卉有唐菖蒲、石竹、兰花等。防治无方，只好拔除病株，因而造成很大经济损失。病毒在植株上的分布是不均一的，老叶、老的组织和器官病毒含量高，幼嫩的未成熟组织和器官病毒含量较低，生长点几乎不含病毒或病毒较少。1952年法国Morel用生长点培养法获得无病毒植株成功，以后许多国家都陆续开展了这方面的工作。目前已在马铃薯、甘薯、大蒜、石竹、百合、兰花、草霉等植物上得到成功。在我国已获得马铃薯无病毒苗，并进行了推广种植，在广东省还进行了柑桔无病毒苗的培育。

黄莲素茶

（3）有用化合物的工业化生产。组织培养除了在农业上的应用外，目前世界各国都在重视另一个方面，即有用化合物的工业化生产。有用化合物包括药物、橡胶、香精油、色素等。这些化合物许多都是高等植

花椰菜

物的次生代谢物，有些化合物还不能大规模地人工合成，而靠植物产生这些化合物来源又很有限。因此，利用组织培养方法，培养植物的某些器官或愈伤组织，并筛选出高产、高合成能力、生长快的细胞株系，以进行工业化生产，是一条行之有效的途径。用组织培养可以生产的化合物有强心苷、吲哚生物碱、黄连素、辅酶Q10等，现已选出高产的细胞系，大规模生产亦有成效。但是，在这方面还有一些问题需要解决。这些问题包括：选出的细胞系中次生物质的产量是否高于起源植物、继代培养后生物合成能力是否能保持、生长是否快速、成材核算问题等。

（4）培养物质温贮藏和种质库的建立。在-196℃的条件下，加入冷冻保护剂，可使组织培养物的代谢水平降低，有利于细胞、胚状体、试管苗、愈伤组织等的长期保存。在国际上一个新的动向是“人工种子”的试验。所谓“人工种子”，是指以胚状体为材料，经过人工薄膜包装的种子。在适宜条件下它可以萌发长成幼苗。美国科学家已成功地把芹菜、苜蓿、花椰菜的胚状体包装成人工种子，并得到较高的萌发率，这些人工种子已生产出来并投放市场。我国科学工作者也已成功地研制出了水稻人工种子。可见，组织培养将在遗传育种、作物改良和改革作物栽培中获得更大的成效。

组织培养的优缺点

优点：

（1）可获得无毒苗。

（2）可进行周年工厂化生产。

（3）经济效益高。

（4）繁殖后代整齐一致，能保持原有品种的优良性状。

（5）繁殖速度快、繁殖系数大：每年可以繁殖出几万甚至数百万的小植株，既不损伤原材料又可获得较高的经济效益。

（6）繁殖方式多：有短枝扦插、芽增殖、原球茎、器官分化和胚状体发生。适用的品种多，据文献报道组培成功的植物种类达1500多种，真正能产业化生产的有几百种。

缺点：

（1）和常规营养体繁殖比生产成本高问题：在进行组培产业时通过选择高效益、名特优、珍稀等植物进行组培商品化生产，取得更高的经济效益。

（2）组培苗炼苗难、移栽成活率较低问题：现在通过培育健壮的组培苗、调控环境因素、选择适宜的基质，使组培苗移栽成活率达到90%以上。

绿色农药

所谓绿色农药，就是指对人类健康安全无害、对环境友好、超低用量、高选择性，以及通过绿色工艺流程生产出来的农药。

★ 绿色农药的发展

农药是用来影响和调控有害生物生长发育或繁殖的特殊功能分子。全世界每年有10亿吨左右的庄稼毁灭于病虫害，由于病虫害造成的庄稼减产幅度达20%～30%。因此，农药自发明以来就在农业发展史中起着极其重要的作用。

直升飞机喷洒农药

中国是世界上最大的农药产品生产国，农药使用面积也居世界前列。但中国农药产品面临的突出问题是产量大但产值很低，这主要是技术含量太低造成的。同时，大量高毒农药的使用造成的问题也不断暴露，比如消费者对农药毒性、农药残留的关注度越来越高，即对食品安全的担忧；还有就是消费者对农药造成环境污染的关注度越来越高，即对环境安全的担忧。此外，农药的主要接触者农民的中毒事件也时有发生。大部分患者经抢救能够痊愈，但也有留下顽固性消化不良、精神功能障碍等后遗症的病例。因为中毒者多是家中的主要劳动力，造成的经济损失较大，发生农药中毒的家庭生活水平会下降60%。

农　药

由此可见，农药不仅影响到农民和农药生产厂家的利益，更关系到千家万户的利益。而目前我国农药生产企业考虑最多的问题还是如何快速杀死害虫，以及降低成本和追求简单的生产工艺。未来农药产品的发展方向应该是：对人类健康安全无害、对环境友好、超低用量、高选择性，以及绿色工艺流程等，即“绿色农药”。这种农药多由从生物体内提取的有效物质、活性物质组成，或是生物源的合成农药。

发展“绿色农药”，主要包括高效灭杀且无毒副作用的化学合成农药与富有成效的生物农药两方面。就技术层面而言，业界开始关注植物体农药开发，即利用转基因技术培育的抗虫作物、抗除草剂作物，并通过开发抗虫抗病的转基因作物来实现少用农药，甚至不用农药的目的，从而减少其对生态环境的影响。

科学发展“绿色农药”是社会关注的热点。而生物农药活性成分是自然存在的物质，因为它的独特优势而被广泛看好。生物农药主要分为植物源、动物源和微生物源三大类型。

植物源农药以在自然环境中易降解、无公害的优势，现已成为绿色生物农药首选之一，主要包括植物源杀虫剂、植物源杀菌剂、植物源除草剂及植物光活化霉毒等。已发明的具有农药活性的植物源杀虫剂有杨林股份生产的博落回杀虫杀菌系列、除虫菊素、烟碱和鱼藤酮等。

动物源农药主要包括动物毒素，如蜘蛛毒素、黄蜂毒素、沙蚕毒素等。国际上已有40多种昆虫病毒杀虫剂进行了注册、生产和应用。

微生物源农药是利用微生物或其代谢物作为防治农业有害物质的生物制剂。其中，苏云金菌属于芽杆菌类，是目前世界上用途最广、开发时间最长、产量最大、应用最成功的生物杀虫剂；昆虫病源真菌属于真菌类农药，对防治松毛虫和水稻黑尾叶病有特效；根据真菌农药沙蚕素的化学结构衍生合成的杀虫剂巴丹或杀螟丹等品种，已大量用于实际生

松毛虫

杀螟丹

产中。

因此，有关部门应加大对绿色农药的研发投入，特别要加大对原创生物农药的支持力度；应在全国范围内大规模地开展有针对性的推广生物农药宣传活动，让广大农民认识、掌握生物农药的杀虫机理和施用技能。同时，还必须结合实际生产情况，合理选择绿色农药，科学设计耕作措施，让绿色农药在高产、高效、优质、生态、安全农业发展过程中发挥更重要的作用。

★ 绿色农药杀虫剂BtA

生物农药虽然具有低毒、选择性强和残留少的优点，但因其杀虫速率低，害虫有抗药性，导致推广应用效果并不是很理想，成为生物农药现阶段的技术瓶颈。为了克服单一生物农药的缺陷，提高生物农药的防治效果，福建省农科院生物技术研究所与德国波恩大学合作，研制出了新型生物农药杀虫剂BtA，为解决这一难题提供了技术支持。

生绿Bt杀虫剂

在我国，广泛应用的生物农药苏云金芽孢杆菌（简称Bt）和阿维菌素虽然都是很好的生物农药，但苏云金芽孢杆菌存有杀虫谱窄、杀虫速率低的弱点，而阿维菌素毒性较强，害虫易产生抗药性。如果采用多位点生物杀虫剂BtA的研究方案，即采用分子耦合技术，将Bt杀虫蛋白与阿维菌素通过交联剂连结在一起，从而将两产品杀虫功能集在一起，就可能产生杀虫速率高、杀虫谱广、毒性低、害虫抗药性产生慢的新生物农药。

从2000年开始，中德双方科研人员把苏云金芽孢杆菌的杀虫晶体蛋白进行了酶解改造，形成了末端氨基的原毒素；将阿维菌素的羟基进行激活、衍生化，形成了带羧基的阿维菌素衍生物，最后利用氨基—羧基偶联剂进行耦合，实现了两种生物毒素的结构改造，生产出了新型高效生物杀虫剂BtA。之后，他们还进行了耦合产物BtA杀虫谱的测定和杀虫机制的研究，以及BtA的无公害评价、田间释放试验、BtA大规模生产工艺的研究等。生物耦合的成功，意味着一个新领域“生物毒素结构设计”的产生，开辟了生物农药研究的新途径。

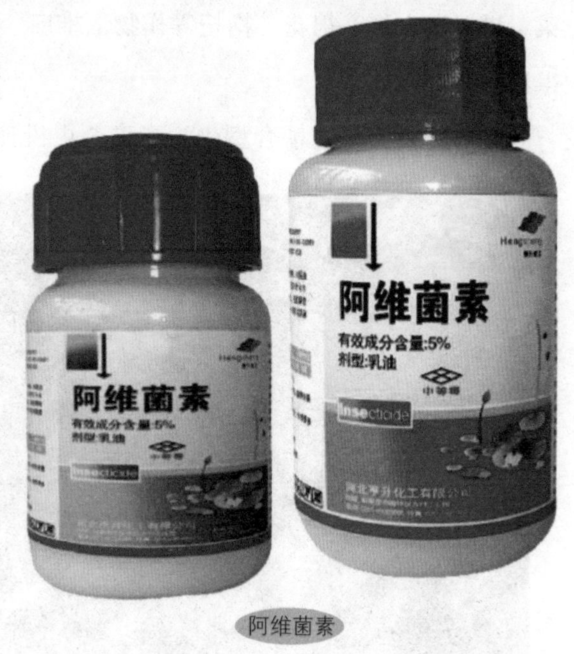

阿维菌素

高效生物杀虫剂BtA的耦合技术属于该领域的创新技术，整体研究成果达到了国际先进水平。检测表明，BtA是极低毒的生物杀虫剂，田间害虫防治效果大于85%～95%，杀虫速率比Bt提高了3倍，且能杀死50余种害虫，解决了生物农药杀虫谱窄和杀虫速率低的难题。该产品经福建省商检局检验无化学残留，农药残留检验合格率达98%，对蔬菜、果树、水稻等作物的百余种主要害虫

具有很好的防效，与化学农药相比防效提高5%，使用成本下降5%。

茶 叶

高效生物杀虫剂BtA以其良好的杀虫效果、显著的环保功能和较低的使用成本，获得了农户的认可。2002年，该研究成果与福建浩伦农业科技集团对接，实现了产业化。生物杀虫剂BtA在福建、山东、河北、新疆、宁夏等15个省、自治区的茶叶、蔬菜、果树、水稻、棉花、枸杞等作物上推广，面积累计达457.4万亩，获得经济效益约2亿元。

除了进一步研究耦合型生物毒素杀虫机理之外，福建农科院还在进

枸 杞

行植物病害防菌剂、饲用益生菌制剂、农用抗生素的化学结构改造及其在植物病害上的应用等方面的研究，研发的产品也从生物杀虫剂系列扩展到生物杀菌剂系列等农业生物药物。

杀虫剂的分类

我们通常从以下几个方面来对杀虫剂进行分类：

按作用方式可分类为：胃毒剂，如敌百虫等；触杀剂，如拟除虫菊酯、矿油乳剂等；熏蒸剂，如溴甲烷等；内吸杀虫剂，如乐果等。

按毒理作用可分为：神经毒剂，如滴滴涕、对硫磷、呋喃丹、除虫菊酯等；呼吸毒剂，如氰氢酸等；物理性毒剂，如矿物油剂、惰性粉

除虫菊

等；特异性杀虫剂，如驱避剂、诱致剂、拒食剂、不育剂、调节剂等。

按来源可分为：无机和矿物杀虫剂，如砷酸铅、砷酸钙、氟硅酸钠和矿油乳剂等；植物性杀虫剂，如除虫菊、鱼藤和烟草等；有机合成杀虫剂，如有机氯类的DDT、六六六、硫丹、毒杀芬等；昆虫激素类杀虫剂，如多种保幼激素、性外激素类似物等。

空间诱变育种

所谓空间诱变种试验，就是利用太空中和地球上各种物理特性的差异，诱使农作物种子发生良性变异的科学试验。这项农业新技术是随着人类航空和航天技术的不断发展而兴起来的，大有发展前途。而且，这一技术并非为发达国家垄断，我国在这一领域也走在世界的前列。

★农作物空间诱变育种的发展

芦 笋

20世纪70年代以后，随着美国和前苏联的空间站不断发射升空，各种空间科学试验也越来越多，农作物种子和秧苗的空间诱变种试验也多次进行，并取得了良好效果，其技术和成果在一些发达国家开始进入实用阶段。鉴于此，我国的航天部门和有关农业部门从1987年开始，也已经成功地8次利用返回式卫星、5次利用高空气球先后将工程细胞、藻类、小麦、芦笋、玉米、水稻、大麦、豌豆、红小豆、黄瓜、棉花、谷子、大豆、绿豆、人参、白莲、辣椒等51种作物的300多个品种和幼苗搭载升空，在距地面200～400千米高空的科学卫星上飞行5天。

这些种子返回地面种植后，人们发现这种育种方法与地面的常规杂交育种方法相比，具有明显的优势和特点。它们的优势就是：多因素综合诱变和有益诱变增多、变异幅度大、稳定快、周期短。同时，植株不仅明显增高增粗，果型增大，产量比普通的增长10%～20%，品质也有很大的提高，农作物也更加强健，尤其是在抗击病虫害方面的性能特别强。一般的杂交种子，种植两三代就会退化，而太空种子经过10代也没有退化。

太空种子结出的果实

太空具有独特的超宇宙射线辐射、高真空、重粒子、微重力、交变磁场等物理特性，这些特性对农作物会产生诱变作用，科学家再从中定向筛选，可培育出优良新品种。太空诱变育种试验表明，经历过太空遨游的农作物种子，其形态、产量、抗病性、营养成分及细胞遗传等方面大多数都发生了遗传基因突变，诱变出大量植物的新品性。

★种子空间搭载实验前景和经济效益分析

通过卫星与高空气球搭载处理植物种子，可以引起植物变异。这种变异可以是生理性的，也可以是遗传性的。遗传性的变异可作为植物诱变培育新品种的一种有效方法。植物种子体积小、数量大、质量轻，搭载包装简单、费用低廉。但一旦培育出新的农作物品种，就可以获得巨大的经济效益，同时通过搭载也可以了解空间条件引起植物诱变的原因及作用机理。因此植物种子的搭载实验具有良好的应用前景。

太空种子结出的果实

除了良好的应用前景以外，植物种子的搭载实验在经济效益方面也非常可观。我们研究的试验材料主要是农作物，一旦培育出一个优良的水稻品种，假如每亩增产10%，每亩现可生产300千克，即每亩可增产30千克；如果全国推广1 亿亩该品种，就能增产 30亿千克。如果获得的籼粳杂交稻能在生产上应用，也可有类似的效果，并且能提高水稻的品质。我国南方是春小麦的重要产区，常年受风害倒伏而减产，一旦培育出矮杆抗倒伏的类型，就可大面积地减少损失，其减少的损失可以亿元人民币计。通过空间搭载蔬菜和花卉种子，获得了抗病、丰产的番茄，早熟大果的青椒，早熟的绿菜花，丰产多果的黄瓜，抗盐碱的石刁柏和变异众多的白莲，它们均有良好的经济效益。

尽管如此，我们所得到的空间条件对植物的影响和结果只是初步的，很多问题还需进一步研究，随着研究工作的深入还将会看到更多、更好的应用前景。

大白莲

★我国农作物空间诱变育种的成果

中国空间诱变育种研究始于1986年的“国家863高科技计划”。当时，科学家们对于太空能否引起植物的遗传性变异尚不清楚。1987年7月，中国首次将大麦、青椒、萝卜等纯系种子和大蒜无性系种子放入卫星中搭载。当这些种子返回地面后，有关人员立即进行了种植实验。经空间处理后的大蒜种子生长时假茎丛生，一个蒜头竟重达150克。

1987年中科院遗传所与广西农学院合作利用高空气球搭载了粳稻品种：中作59、海香二品种，1988年进行种植，在空间处理第二代中也在形态上产生了很大分离，特别是从中分离出了一些优质米类型，在后代中很容易稳定。在空间处理第四代中也找到了几个株系，它们能恢复籼稻不育系植株，籼粳杂交稻的结实率达78%，结实饱满度也很好，这为水稻亚种间杂交稻找到了良好的恢复系材料。1991年春季广西农学院作了204个杂交组合，1992年秋季找到了24个有生产价值的组合，杂种优势强，结果率达80%～93%，种子饱满度好，有些组合的后代，千粒重在30克以上。已经获得的较好的丰产组合于1994年通过了鉴定。

1988年，中国科学院遗传研究所与江西宜丰县农科所合作，当时估计在卫星处理的农垦8种水稻品种中，

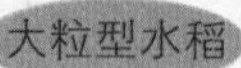

大粒型水稻

也有可能培育出丰产的新品种。1990、1991年在卫星搭载的第二、三代中看到大量分离现象，并选出了几个丰产优质的株系。而这些性状出现后很快就能稳定，于1993年就获得了丰产。两个亩产在600千克以上，稳产在500千克左右的新品系已经通过中科学院成果鉴定。他们还获得了大粒型、大穗型、优质米类型、黑米型、红米型突变后代，并对大粒型水稻从分子水平进行了分析，其大粒型变种与对照组虽然在形态上有很大的差异，但调出的2000个基因谱带中只有5个基因的差异。初步证明了其变异的确是由于空间引起的基因突变而造成的。

优质大米

1988年，中国科学院遗传研究所与广西农学院合作，利用卫星搭载的包选2号感光性水稻种，其经空间处理的第二代中产生了很大的分离，在150个单株中，在株高、分蘖力、穗型、粒型、生育期的种子的休眠性状等方面，经统计学分析均达到差异显著或极显著。经1990年晚季鉴别，这些性状是稳定的，是遗传性的变异。1991年在其他一些株系

谷 穗

的第三代中又获得了一些高产的新株系，在品质性状（如糙米率、垩白率、糊化温度、氨基酸含量、糙米中脂肪含量、精米中总淀粉、直链淀粉含量）上，株系间都有很大的差异，为选出优质、丰产的水稻新品种创造了条件。

番 茄

1987年经卫星搭载的番茄种子，采用混合群选法，经四代选择已经获得产量提高 20%以上的抗病新品系。该品系已经稳定，并在东北推广试种。1987年经高空气球处理的青椒种子，经多年的选择1992年获得单果重达250克以上，增产120%的早熟新品系。以上两项研究均于1992年通过中国科学院的鉴定。

1988年利用高空气球搭载的浙农12大麦种子，1989年种植在大田中，当代未观察到变异，第二代种子在1990年冬种植于温室中，1991年春天有多个株系产生多穗和穗部产生新的分蘖，并能抽穗开花、结实，而对照组中无此现象。这种多穗现象，于1992年春季在相同的条件下也重复出现，而在大田种植时未能重复，这说明这种变异是在一定条件下出现的，可能还属于生理性的变异。

1988年空间处理的棉花种子后代中，也出现过一些早熟、丰产、抗早衰的类型。

1988年卫星处理的绿菜花种子，第一代有43%的单株比对照组开花早，最早的比对照组早25天，而对照组未收到种子。这种早熟性状在后

代中是能遗传的。1991年继续种植，并观察到花粉母细胞分裂有异常现象。黑龙江大学生物系的试验也出现过类似的结果。

1990年经空间处理的谷子种子，经山东莱阳农学院3年的选择获得了丰产、多穗、不育的材料，有可能育成不育系品种在生产上应用。

1994年江西广昌白莲研究所处理的白莲种子，其立叶抽生数、荷叶宽、叶柄高、花梗高、梗粗均有变异，同时出现一个藕节上长出两片立叶，现蕾早，积温少的后代，是一般常规育种未曾有过的明显变异。

1990年10月利用卫星搭载大蒜鳞茎，由于在卫星发射前10天才装星，搭载后均能成活。这也是我国首次成功搭载无性系植物。当代染色体分裂无太大的变异，但在生长势和发根方面有明显的减弱现象。在生长过程中，新的鳞茎出现无休眠现象，因此卫星搭载当代的大蒜鳞茎长得特别大。这个性状能否遗传尚在进一步研究中。这一工作也是我国成功首次搭载无性系鳞茎植物。

中国科学院植物研究所在卫星上搭载了石刁柏和黄瓜的种子，获得了抗盐碱

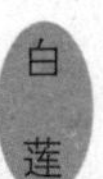
白莲

丰产的石刁柏后代，同时还出现了雌雄同株的后代，并于1990、1992、1994年在卫星中发芽获得成功。在其后代中观察到许多生理、生化与细胞学方面的变异。黄瓜的种子后代中获得了雌花多的丰产突变类型。

另外，利用空间处理诱导抗生素生产菌种突变，从而在不提高成本的情况下，可以大幅度提高抗生素的产量。庆大霉素生产菌是一个较老的菌种，多年来不少科研单位和生产厂家对此菌进行了大量诱变筛选，效价还是无法提高。而1990年利用卫星处理后，经过3 个月的分离和初步筛选，就获得了几个在效价上比以前高30%以上的菌株，又经半年多时间的繁殖已经稳定在提高18%的水平上。如果能开展高空菌种诱变育种，将可获得巨大的经济效益。

专家预测，空间诱变育种具有广阔的发展前景。今后，空间诱变育种的重点将由产品产量转向产品质量和特异性。除粮食以外，蔬菜、油料、香料、花卉、树木的选育将成为热点。现在，中国的飞船具有生命保障系统，可以搭载果树的枝条，通过处理其芽眼可以产生芽变，完全可能选育出优质的特殊水果。

石刁柏

第五章

农业与高科技的结合

在作为世界文化发祥地的中国，农业占据着极为重要的地位。在历史上，每一次工具上和科学技术上的重大突破和革命，都会给农业带来新的动力，使它上升到一个新的台阶。由此可见，科技进步是农业发展的根本动力，尤其是在当代世界农业发展中，科技进步更是起到了巨大的推动作用。

所谓高科技农业，广义地讲，就是运用现代高新技术手段进行农业生产，如基因育种、温室栽培、工厂化生产、智能化农业专家系统等。虽然高科技农业具有投入大、风险高的特点，但是高科技农业所获得的巨大收益也是普通农业技术所不能及的。不仅如此，高科技农业还代表着农业现代化的发展方向。在这一章里，我们就来主要介绍一下农业与高科技结合的产物，比如智能化的农业装备、先进的农业机器人、信息化农业、激光在农业上的妙用等等。首先，我们先来谈谈农业与互联网的亲密接触。

计算机成了农业的专家

★ 农业与互联网的亲密接触

当今这个时代，互联网得到了飞速地发展。它之所以被人如此看重，是因为它可以给人们提供前所未有的信息资源共享环境。就是因为有了互联网，各种农业网站相继建成，这使得农业这一古老但又不可或缺的产业，也开始与互联网亲密接触。

现在，互联网可以说是农产品信息发布的主要方式之一。经常上网的人都知道，网上的信息从大到小，非常全面，简直无所不包。而农业信息的来源主要有3个方面，一是农产品的生产信息，主要来自产地、产

农业部网站

地市场、农民组织和贩运商，采集农产品产地分布、产量、收购量、上市量等；二是农产品市场销售信息，主要采集集贸市场、国营菜店、农产品批发市场的价格信息、销售量等信息；三是农产品生产、加工的科技信息，主要来自各地的科研单位。

电脑网络与农业

我国的农业信息网站呈快速发展的势头。全国各地的农业信息杂乱而又繁多，网站对它们进行收集和发布时进行一系列的分类。按照信息的作用、频度和对象的不同，各网站主要发布的农业信息主要分为两种：一是即时信息，主要指的是各种农产品的市场行情，也就是全国各大中城市农产品批发市场的粮、肉、蛋、菜、果、油、鱼、禽等近90种产品，根据市场交易的情况，当日的交易价格和交易量；二是专题预测信息，也就是在原始信息和历史、现实资料的基础上，经过加工统计以及分析以后得出的各主要农产品产、销的趋势预测和预警信息。

不仅如此，我国还有可以免费浏览的公益性网站：中国农产品供求信息网。它主要以具体的农产品供应和需求信息为主，同时辅之以农产品市场的价格分析、供求预测分析、地方名优特新产品介绍及其他有关农业经济的信息。中国农产品供求信息网是

蔬 菜

中国农业部市场与经济信息司主办的公益性行业供求信息网，旨在为各级农业管理部门和广大农业生产经营单位提供信息服务，网上信息全部免费浏览。

随着科学的不断进步，计算机和信息技术也在不断发展起来，科学家还开发出了一种专门应用于农业领域的专家系统，根据这一系统，计算机成为了农业专家，开始部分地代替了人的工作。专家系统是以知识为基础，在特定问题领域内能像人类专家那样解决复杂的现实问题的计算机系统。这种系统主要是用软件来实现的，它是人工智能研究发展的一个结果，也是现代信息技术关注和应用的主要领域之一。

自20世纪70年代后期开始，发达国家就将专家系统技术应用于农业领域，到了80年代中期更是有了较为迅速的发展，从而引起了许多国家的日益关注和重视。

农业产品

目前，国内外就农作物栽培、施肥、病虫害防治、农业经济效益分析、杂草控制、储存管理、市场销售管理、作物轮作、森林环保、家畜饲养等许多方面都研制了不少专家系统，它们都在各自的职责范围内扮演着农业专家的角色，发挥着非常重要的作用。

★ 土地资源信息系统的利用

土地资源是一切农业生产活动的基础，古往今来都一直被世界各国所关注。为了合理利用、综合开发、有效保护日见枯竭的土地资源，许多国家都建立了不同规模的土地资源信息系统，借助于计算机作出土地资源方面的决策。1975年，加拿大建成了土地资源数据库，能对土地资源信息进行检索和自动制图，可进行土地分类统计，可输出各类土地面积分类标准，每隔3年更新一次数据，实现了对土地资源的动态监测。日本政府为了规划十分有限的国土，也于20世纪80年代建立了国家土地资源数据库，向各个部门提供各种数据和图件。

土地资源

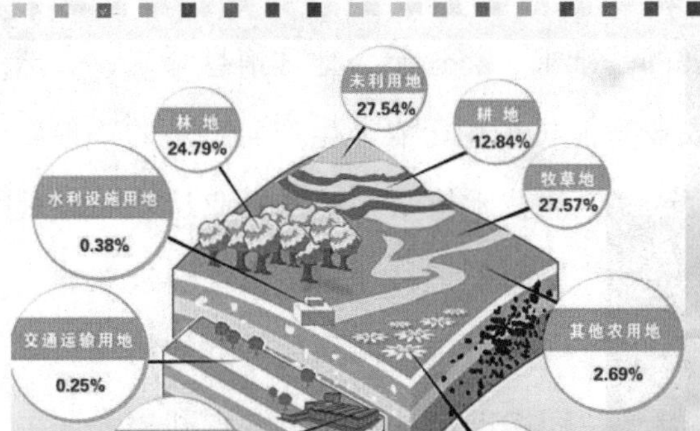

我国土地资源利用现状

近些年来，地理信息系统技术、遥感技术、全球定位系统技术也取得了飞速发展，信息技术以这些技术手段建设完成的土地信息系统，更是为土地资源管理提供了良好的技术手段。土地信息系统的建设不仅全面地实现土地资源管理的计算机化，促进管理的科学性和有效性；同时也可以实现土地资源监测、评估以及动态变化根系，提高土地资源利用决策水平，使土地资源可持续利用的重要保障体系之一。

土地资源管理业务处理信息系统是土地日常管理的重要工具，同时也是促进土地资源可持续利用的重要技术手段之一。它主要包括地籍、建设用地、开发整理、土地市场以及土地监察等等。通过以图管地、图属集成的方式，提高了土地资源管理的效益和水平。以前的土地管理中图形管理和业务办公相分离，在业务处理过程中，需要大量的时间去查阅地图资料，管理效益低下，而且不可避免地会有疏漏。随着信息技术的发展，将土地资源管理日常业务处理和资源管理业务的科学化和规范化，是目前土地资源管理信息系统的重要发展趋势。图文一体化的办公环境要求集土地信息系统、管理信息系统、办公自动化技术于一体，以图管地，同时完成土地资源管理的业务处理功能。

目前，农业领域的热点是信息技术与耕地的可持续利用。精准农业（也称精细农业、精准农业）技术就是二者结合的重要应用之一。精准农业即计算机控制农业或计算机管理农业，它是在信息技术、电子技术、工程技术、生物技术发展的基础上，将遥感、地理信息系统、全球定位系统、决策支持系统及农业智能机械用于农业生产而产生的一种新的技术体系。精准农业从农田微观层次上把科学的精确性引进农业生产过程中，做到数量上的精细和空间上的准确定位。合理利用农业生产资源、提高农业生产率、保护农业生态环境，是保证农业产出、低消耗、轻污染，促进农业地可持续发展的主要技术体系和生产方式之一，也是21世纪农业发展的领先生产技术。

办公自动化

农业百花园

国内农业网站地域分布

国内农业网站地域分布很不均匀，北京及沿海地区经济发达省份构建的网站大而多，且集中；其中北京、江苏、浙江、广东、山东等五省市的网站总数已占全国总数的近一半（49.72%），而且北京集中了大量的政府部门、农业科研院所、大专院校，同时集中了大量的综合信息网站，形成地域上数量上的总体优势。但上海、天津、重庆等直辖市未能体现北京那种优势；西部地区农业网站数量偏少，甚至个别省份是空白；网站分布与东西中部地域显著相关，但与各地域的农业生产不显示明显的地域相关；有些农业大省并无很多的网站；部分网站缺乏规范化建制，规模差，点击率较低，从网站内容中无法判断其所在省份者占3.8%。

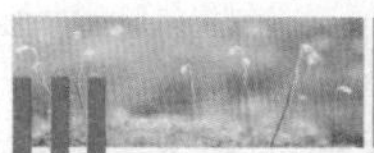

智能化农业装备

★ 智能化农业装备的发展

在发达国家，逐渐得到应用和普及的农业高科技产品种类繁多，有可以自动选择调控两种化肥配比的自动定位施肥机和自控喷药机；还有可以分别控制喷水量的定位喷灌机；有可以自动称重并估测产量的谷物收获机；有安装GPS定位系统以及播种处方图读入装置的、可以自动选择作物品种、可按处方图调节播量和播深的谷物精密播种机等。

在拖拉机驾驶室里，一开始普遍安装的是智能化显示器，在这个显示屏上，可以随意调用各种图形化可视界面，监控机器各部分的工艺和显示处方作业和导航信息。可是现在，带有多处理器的智能型农业机械，已经引入了控制器局部网总线技术，相互之间采用光缆传输信息，建立了工业化的设计标准。利用飞机遥感近红外线技术，形成热成像图，这

GPS定位器

种图可以精确显示植被的分布，经过计算机处理以后形成的地理信息系统，可以为智能农机实施精确作业提供地理坐标。

虽然发达国家的农业装备水平已经相当高，但是他们仍然致力于加强相关方面的技术改造。改造的目的是将“精细农作”技术日益广泛地推广开来，向智能化、联合化、大型化、通用化、精确化和多功能化等方向发展。农业装备的本质是机电一体化，发达国家对机电一体化的研究和应用主要呈现出五大趋势。

计算机

一是光机电一体化，即引进光学技术，有效改进机电一体化系统的传感、能源和信息处理系统；二是自律分配系统化——柔性化；三是全息系统化，即利用模糊技术、信息技术提高智能化水平；四是仿生物系统化，即利用仿生学研究领域中已经发现的一些生物体优良的机体结构为机电一体化产品提供新型机体；五是微型机电化，即利用新材料、新技术、新工艺制造微型或纳米级装备，将机械和电子完全“融合”并组成自律元件。

欧洲的一些大农场，已经建立和使用农场办公室计算机与移动作业机械间通过无线通信进行数据交换的管理信息系统。其通信协议及接口标准已在DIN 9648-5中加以定义。这可以使农场管理调度中心计算机可以直接调用读入各个田间作业机械智能终端存储的作业数据，存入农场计算机的数据库中。由于农场计算机中具有比移动作业机强大得多的信

电脑与现代农业

息存储、处理功能、专家知识库和管理决策支持系统，因此通过计算机处理后，制定详细的农事操作方案和导航作业计划后，通过无线通信数据链路传回到田间移动作业机。因此，在机器发生故障时，操作者也可调用具有强大分析功能的办公室计算机诊断处理程序。

现代通信技术革命的成果，也已经开始应用于农业机械化作业的远程管理中。由于微电子和计算机技术的迅速发展，现代农业机械已广泛采用自动监测和自动控制技术，装备有各种传感器和由微处理器组成的监控器和显示板。由于自动控制的需要，采用了机械、电子和液压控制的先进技术，操作更为简便。驾驶员可根据数据的显示，适当调整作业的负荷和作业速度，使机组能在较佳的工况下运行。此外，由于采用多种先进传感技术和微处理器用以采集和处理各种数据，经过软件的运算和处理，完成诸如作业面积、耗油率、产量计算、统计和友好的人机界面显示等智能化功能。

农业机械化

★ 拖拉机与农业机械间的总线通信技术

拖拉机和各种农业机械上应用的智能化的发展，使其接口的通用化、标准化设计变得日益重要。通常情况下，一般都是在拖拉机和联合收割机的驾驶室安装可用于和不同机型配套的通用型智能显示终端。采用双绞线或光纤电缆构筑机组内的“信息高速公路”，即数据通信链路。各种机器部件或不同形式的农业机器电子控制单元，设计成具有与总线挂接的标准接口，包括硬件芯片和可编程软件。使得机组上各个相对独立的ECU间均可与中央控制与显示单元交换信息，接受控制指令，也可在各个农机具或部件ECU之间传输和交换数据信息，实现拖拉机与农业机器间、农业机器相互间和拖拉机中央控制器与农场计算机之间的串行通信。

拖拉机

为了使农业机器上的电子系统具有通用性、兼容性，因此建立通用的总线通信设计标准十分必要。这样可使农户在国际市场上选购不同厂商的机器时，便于拖拉机与各种农业机械的ECU间的配套连接。对制造商来说，通

智能拖拉机

用标准的建立，使他们仅仅需要关注ECU用户一侧与机器控制相关的设计或建立其闭环控制系统，而不需要去深入了解ECU与其他设备之间的接口，只要将其插接到总线标准插座上即可。

为此，CAN协议被选用作为农业机械应用的总线标准协议的基础。它是德国BOSCH公司开发用于汽车的总线通信协议标准。其工作方式与农业机械上的网络拓朴结构十分相似，支持CAN协议的接口通信芯片已可由世界各地嵌入式微控制器供应商提供。1986年，德国首先提出了基于CAN 2.0A版本的农业机械总线标准，并从1993年起在欧洲各国的农机制造厂商普遍采用。20世纪90年代中期，以DIN9684为基础，国际标准化组织加速制定基于CAN2.0B 版本基础上的ISO 11783作为正式的农业机组数据通信及其接口设计的国际标准。

拖拉机

拖拉机和农业机械作业中，都需要人来操纵和控制。传统驾驶室中的仪表盘由电子监视仪表取代，并由单一参数显示方式向智能化信息显示终端过渡，从而大大改善了人机交互界面。这种智能化显示终端，实际上就是一台带液晶显示屏的计算机。它代表了当今仪器与控制装置发展的主流方向，又常被称为虚拟化仪器显示终端。它可在屏幕上按操作者的需求通过屏幕菜单任意选择显示机组中不同部分的终端信息，调用数据库信息，显示数据、图形、语音等多媒体信息。并可将数据信息动态存入类似信用卡尺寸大小的高密度智能化数据存储卡，将田间记录的数据信息通过智能卡带回办公室计算机并应用高级软件进行处理。也可以将管理者的决策和操作指令通过智能卡传送到拖拉机上的智能控制终端，自动控制农机的操作。

★ 智能拖拉机

20世纪末期，美国科学家就已经研究生产出来了机电一体化的智能拖拉机。智能拖拉机本领高强，它不仅可以完成普通拖拉机的所有动作，而且可以完成诸如控制能耗、调节耕深和车速、监测冷却剂和机油水平等高难度动作。甚至在急转弯时，使前传动自动脱档；在发动机过热和机油水平太低时使拖拉机自动停车。

智能拖拉机的发展历史不算很长。20世纪80年代，法国研制了微机控制拖拉机，操作时通过交互方式向微机发出指令，拖拉机可以自动完成各种作业。芬兰一家公司生产的无人驾驶拖拉机能够连续耕作24小时，由3名农场工人组成的一个小组轮流在一间控制室里，日夜监控着数十台无人驾驶的拖拉机。这些都是智能拖拉机的雏形。

美国智能拖拉机卡斯

智能拖拉机会有如此大的本领，它的工作原理是怎样的呢?

实际上，智能拖拉机可以说就是一种农用机器人。它采用了全球定位系统技术，通过卫星的信号确定自己的地面位置。拖拉机上装备有摄像机，摄像机传回的画面显示在监示器上，操作人员通过观看屏幕就可以对远处的拖拉机进行导行。智能拖拉机通过全球定位系统能够精确测定自己的位置，误差仅在3厘米以内。所以，利用智能拖拉机作业，工作人员只要严密监测和准确操作就可以，绝对不用担心它会“走失”或遇到麻烦。

我国的科学家也正在致力于研制智能拖拉机，相信不久以后，它也会在我国广阔的田野上奔驰。

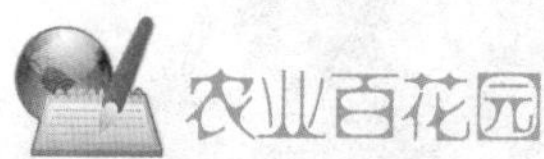

智能控制的主要技术方法

专家系统：专家系统是利用专家知识对专门的或困难的问题进行描述。用专家系统所构成的专家控制，无论是专家控制系统还是专家控制器，其相对工程费用较高，而且还涉及自动获取知识困难、无自学能力、知识面太窄等问题。尽管专家系统在解决复杂的高级推理中获得较为成功的应用，但是专家控制的实际应用相对还是比较少。

智能拖拉机

模糊逻辑：模糊逻辑用模糊语言描述系统，既可以描述应用系统的定量模型也可以描述其定性模型。模糊逻辑可适用于任意复杂的对象控

制。但在实际应用中模糊逻辑实现简单的应用控制比较容易。

遗传算法：遗传算法作为一种非确定的拟自然随机优化工具，具有并行计算、快速寻找全局最优解等特点，它可以和其他技术混合使用，用于智能控制的参数、结构或环境的最优控制。

神经网络：神经网络是利用大量的神经元按一定的拓扑结构来学习和调整的方法。它能表示出丰富的特性：并行计算、分布存储、可变结构、高度容错、非线性运算、自我组织、学习或自学习等。这些特性是人们长期追求和期望的系统特性。它在智能控制的参数、结构或环境的自适应、自组织、自学习等控制方面具有独特的能力。

电脑智能机器人

农业机器人

人们常用“面朝黄土背朝天，一年四季不得闲”来形容我国的农民，这是因为中国的机械化、自动化程度落后。但是，农业机器人的问世，将有可能改变传统的劳动方式。在农业机器人的方面，日本居于世界各国之首。

★ 各主要国家研制的农业机器人

从20世纪90年代开始，机器人才开始在一些发达国家的农业生产中应用。因此，机器人在农业领域应用的历史还比较短。但是，其功能却已经非常完备了。它们能代替人的部分劳动，甚至还可以做到有些人类根本做不到的事情，而且它的工作效率非常高。下面，我们就来谈一下各国农业机器人的研制成果。

农业机器人

美国研制的收获番茄的大田机器人装有识别色彩系统，在每小时收获30吨的快

速运转情况下，机器人的传感器仍然可以通过观察番茄表面的反射光，瞬间判别出番茄是否成熟。此外，美国还设计出了可以根据土壤的性质不同施加适量肥料的机器人。

日本研制成功了分割植株机器人，能把应用组织培养法大量增殖的植株切割成一定的大小后，再移植到无菌容器里，工作效率提高了10倍。

法国研制成功了一种自动导向机器人，这种机器人能以每秒钟采摘和包装一个苹果的速度，连续在果园作业20个小时。它用4个轮子行走，配有一台计算机、一个探测系统和一个液压操纵的机械手，以及两个超声波导向探测器。机器人在探测器的导向下进入果树林，在果树前用微型摄像机对果树进行拍照，将获取到的图像信息与存储的苹果信息进行比较，判断果树上的苹果是否应该采摘。机器人的机械手可以上下移动，当探测系统发现一个可以采摘的苹果时，机械手就停下来，调整好位置并将其摘下，摘下来的苹果经过机械手的一个漏斗落入传送带，被送入机器人后部的盒子里，完成包装作业。

★ 农业机器人分类

21世纪，新型多功能农业机械得到了日益广泛地应用，第二次农业革命将深入发展。一般来说，农业机器人可以分为以下几种：

农业机器人

（1）施肥机器人。这种机器人由美国明尼苏达州一家农业机械公司的研究人员研制出来，别具一格，它会从不同土壤的实际情况出发，适量施肥。它的准确计算合理地减少了施肥的总量，降低了农业成本。由于这种机器人施肥科学，大大地改善了地下水的水质。

（2）稻田除草机器人。这种机器人由德国农业专家研制，它通过采用计算机、全球定位系统和灵巧的多用途拖拉机综合技术，使得这种机器人可以准确施用除草剂除草。农业工人首先会领着机器人在田间行走，在到达杂草多的地块时，机器人身上的GPS接收器便会显示出确定杂草位置的坐标定位图。农业工人先将这些信息当场按顺序输入便携式计算机，返回场部后再把上述信息数据资料输到拖拉机上的一台计算机里。当他们日后驾驶拖拉机进入田间耕作时，除草机器人便会严密监视行程位置。如果来到杂草区，它的机载杆式喷雾器的相应部分立即启动，让化学除草剂准确地喷撒到所需地点。

除草机器人

（3）菜田除草机器人。这种机器人由英国科技人员研制，它所使用的是一部摄像机和一台识别野草、蔬菜和土壤图像的计算机组合装置，利用摄像机扫描和计算机图像分析，层层推进除草作业。菜田除草机器人可以全天候连续作业，除草时对土壤无侵蚀破坏。科学家还准备在此基础上，研究与之配套的除草机械来代替除草剂。

（4）收割机器人。这种机器人由美国新荷兰农业机械公司投资250万美元研制，它是一种多用途的自动化联合收割机器人。著名的机器人

专家雷德·惠特克主持对它的设计工作，他曾经成功地制造出能够用于监测地面扭曲、预报地震和探测火山喷发活动征兆的航天飞机专用机器人。惠特克开发的全自动联合收割机器人很适合在美国一些专属农垦区的大片规划整齐的农田里收割庄稼，其中的一些高产田的产量是一般农田的十几倍。

采摘柑桔机器人

（5）采摘柑桔机器人。这种机器人由西班牙科技人员发明，它是由一台装有计算机的拖拉机、一套光学视觉系统和一个机械手组成，能够从桔子的大小、形状和颜色判断出是否成熟，决定可不可以采摘。它工作的速度极快，每分钟摘柑桔60个，而靠手工只能摘8个左右。不仅如此，采摘柑桔机器人还可以通过装有视频器的机械手对摘下来的柑桔按大小马上进行分类。

（6）采摘蘑菇机器人。这种机器人由英国西尔索农机研究所研制而

采摘机器人

成。英国是世界上盛产蘑菇的国家，蘑菇种植业已成为排名第二的园艺作物。为了提高采摘速度，使人逐步摆脱这一繁重的农活，英国农机所便研制了这种采摘蘑菇机器人。它装有摄像机和视觉图像分析软件，用来鉴别所采摘蘑菇的数量及属于哪个等级，从而决定运作程序。采摘蘑菇机器人通过机上的一架红外线测距仪测定出田间蘑菇的高度之后，真空吸柄就会自动地伸向采摘部位，根据需要自行做出弯曲和扭转动作，将采摘的蘑菇及时投入到紧跟其后的运输机中。它每分钟可采摘40个蘑菇，速度是人工的两倍。

蘑 菇

（7）分检果实机器人。这种机器人也是由英国西尔索农机研究所研制。在农业生产中，将各种果实分检归类是一项必不可少的农活，往往需要投入大量的劳动力。分检果实机器人是一种结构坚固耐用、操作简便的果实分检机器人，从而使果实的分检实现了自动化。它采用光电图像辨别和提升分检机械组合装置，可以在潮湿和泥泞的环境里干活，它能把大个西红柿和小粒樱桃加以区别，然后分检装运，也能将不同大小的土豆分类，并且不会擦伤果实的外皮。

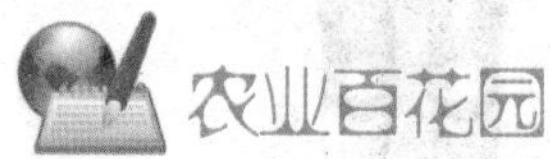

机器人分类

家务型机器人：能帮助人们打理生活，做简单的家务活。

操作型机器人：能自动控制，可重复编程，多功能，有几个自由度，可固定或运动，用于相关自动化系统中。

程控型机器人：按预先要求的顺序及条件，依次控制机器人的机械动作。

示教再现型机器人：通过引导或其他方式，先教会机器人动作，输入工作程序，机器人则自动重复进行作业。

数控型机器人：不必使机器人动作，通过数值、语言等对机器人进行示教，机器人根据示教后的信息进行作业。

感觉控制型机器人：利用传感器获取的信息控制机器人的动作。

适应控制型机器人：能适应环境的变化，控制其自身的行动。

学习控制型机器人：能“体会”工作的经验，具有一定的学习功能，并将所“学”的经验用于工作中。

智能机器人：以人工智能决定其行动的机器人。

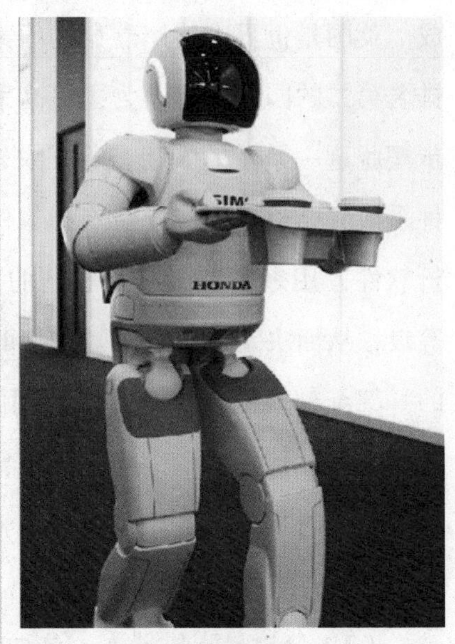

家务型机器人

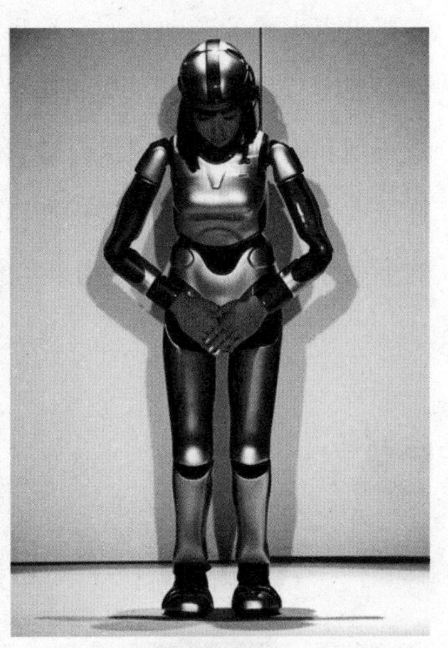

智能型机器人

信息化农业

信息化农业不仅包括计算机技术，还包括微电子技术、遥感技术等多项信息技术在农业领域普遍而系统地应用。通过信息化，可以节省能源和减少不可再生资源的耗用，提高资源的利用，提高物流速度和效率，提高农业产业的整体性、系统性和协调性，使农业生产在机械化基础上实现集约化、自动化和智能化。其中，计算机在农业领域的应用最为广泛。

1946年世界上第一个台计算机诞生了，20世纪50年代初，美国就首次利用计算机研究饲料问题。从那以后，工业领域的计算机应用大致经历了三个发展阶段。20世纪50～60年代，计算机主要用于农业科学的计算；20世纪70年代主要用于数据的处理和数据库的开发；20世纪80年代以后，应用重点是信息的处理、农业决策支持与自动控制的研究与开发。目前计算机技术已经渗透到农业的各个方面，如大田生产管理、宏观经济分析等。

新的农业科技革命争议以生物技术和信息技术为重要突破口。计算机和信息技术将大大改变农业高度分散、生产规模小、时空变异大、规模化程度差、稳定性和可控程度化低等行业性弱点。农业信息化是当代农业现代化的标志和关键，它主导着未来一个时期农业现代化的发展方向。

农业信息化就是广泛应用现代信息技术促进农业和农村经济结构调整，增强农业的市场竞争力，发展农村经济，建设现代农业，增加农民收入，加速农村现代化进程。农业信息化的内涵可以概括为以下几个方面。

★ 农业生产过程的信息化

农业生产过程的信息化包括农业基础设施装备信息化和农业技术操作全面自动化。

农业基础设施装备信息化。即农田灌溉工程中，水泵抽水和沟渠灌溉排水的时间、流量全部通过信息自动传输和计算机自动控制。农产品的仓储内部因素变化的监测、调节和控制完全使用计算机信息系统运

农业灌溉

行。畜禽棚舍饲养环境的测控和动作完全可以实行自控或遥控。

农业技术操作全面自动化。一是农作物栽培管理的自动化。现在国内研制的多媒体小麦管理系统和棉花生产管理系统都可以应用于生产。如农作物施肥，可以在田间设置自动养分测试仪或设置各种探针定时获取数据在室内自动测定，通过计算机分析数据，确定施肥时间、施肥量、施肥方法，使用田间遥控自动施肥机具或与灌溉水结合实现自动施肥。其他耕作管理措施类同。二是农作物病虫防治信息化和自控。在田间设置监测信息系统，通过信息网发出预测预报，利用计算机模型分析，确定防治时间和方法，采用自控机具或生物防治方法或综合防治方法，对病虫害实行有效的控制。三是畜禽饲养管理的信息化和自动化。可以通过埋置于家畜体内的微型电脑及时发出家畜新陈代谢状况，通过计算机模拟运算，判断家畜对于饲养条件的要求，及时自动输送饲喂配方饲料，实现科学饲养。

★ 农产品流通过程的信息化

建设新型的农产品批发市场。积极扩大批发市场的信息网络和电子结算等现代交易方式试点。加强对农产品产后加工、贮藏、保鲜技术的开发和推广，大力开发农产品加工技术和农业节本增效技术，发展优质高产高效农业。

利用信息技术建立可以提供政策、市场、资源、技术、生活等信息的

农产品

网络体系，及时准确地向农民提供政策信息、技术信息、价格信息、生产信息、库存信息以及气象信息，提供中长期的市场预测分析，指导帮助农民按照市场需求安排生产和经营，解决分散的小农生产与统一的大市场之间的矛盾；利用信息技术还可以把农业融入到经济全球化的竞争中发展；把强优农业企业联合起来，形成跨国竞争的巨大优势；可以开发网上贸易，直接建立农产品和农业服务贸易的快速交易通道。因此，可以说信息技术是推动农业产业化，进而推动农业现代化的关键之举。

通过网络、信息技术可以将全国乃至全球作为一个统一的大市场，将分散的农户和涉农部门组织起来形成一个大系统。农产品贸易在网上进行，农民在网上洽谈，交易在网上实现，降低了农产品的销售成本；通过网上信息分析和专家的科学预测，农民在网上获得市场行情和发展预测分析，在网上获得农业生产订单，减少了农业生产的盲目性；利用

农产品

计算机网络技术，农业生产者可以与不同产业结盟，共同经营，共同管理，共同打造品牌，稳定市场占有量，并不断拓展新的市场。

★ 农业管理过程的信息化

农业经营管理信息网络化：一是通过建立适合农场自身具体情况的计算机决策来支持系统，及时进行模拟决策。二是通过进入乡、县、省，以致全国和全球的信息网络，及时了解市场信息、政策信息，按照市场需求选择生产和合理销售自己的产品，来充分发挥自己的优势，取得最佳的经济效益。三是通过进入外部的信息网络，广泛获取各种先进的科学技术信息，选择和学习最适用的先进技术，装备自己的农场，不断提高农场土地生产力和劳动生产力，以获取最佳的生产效益。

农业管理服务系统，主要是适应国家信息化发展和电子政务建设要求，实施农业电子政务建设，开发建设网络办公系统，建立开放的农业政务管理数据库，实现农业部门行政审批和市场监督管理等事项的网络化处理，增强政务管理透明度，提高政府部门办事效率。

植物光合作用

农业是以土地为基本生产资料，利用植物自身的光合作用能力和当地的光、热、水资源，来从事生物生产的产业。由于中国土地幅员辽阔，自然条件复杂，气象和生物性灾害频繁，农户规

模小而且分散，再加上几千年传统的经验作业方式，因而呈现出生产的分散性，很强的地域性、时变性，很低的可控性和稳定性，以及经验性强而量化、规范、集成程度差的行业特点和弱势。而先进的信息收集、处理和传递技术将有效地克服农业生产的分散化和小型化的行业弱势；强大的计算能力、智能化技术和软件技术，使农业生产中极其复杂和多变的生产要素定量化、规范化和集成化，改善了时空变化大和经验性强的弱点；将信息技术与航空航天遥感技术（RS）、农业地理信息系统技术（AGIS）以及全球定位系统（GPS）等相结合，大大加强了对影响农业资源、生态环境、生产条件、气象、生物灾害和生产状况的宏观监测和预警预报，提高了农业生产的可控性、稳定性和精确性，并能对农业生产过程实行科学、有效的宏观管理。

互联网应用

★ 农村社会服务的信息化

农民生活的改善，正在扩大利用现代信息技术提供的生活消费领域。一些发达地区的县级文化娱乐媒体，实现电视网、广播网和计算机互联网的三网合一，农民可以利用这些媒体，了解国内外社会、经济和科学技术动态，有条件的地方可以通过互联网，了解国内外农业、农民和农村生活的发展动态，还可以丰富农民的文化娱乐生活，为农村儿童的学习生活提供了广阔的新天地，具有指导农民生活和农村社会活动的作用。

结合当前的形势，将信息化应用于农村社会突发性公共危机预防与处理机制的建立完善，是促进农村改革发展稳定的重要途径。

地理信息系统（GIS）的分类

（1）按研究的范围大小可分为全球性的、区域性的和局部性的。

（2）按研究内容的不同可分为综合性的与专题性的。同级的各种专业应用系统集中起来，可以构成相应同级区域的综合系统。在规划、建立应用系统时应统一规划这两种系统的发展，以减小浪费，提高数据共享程度和实用性。

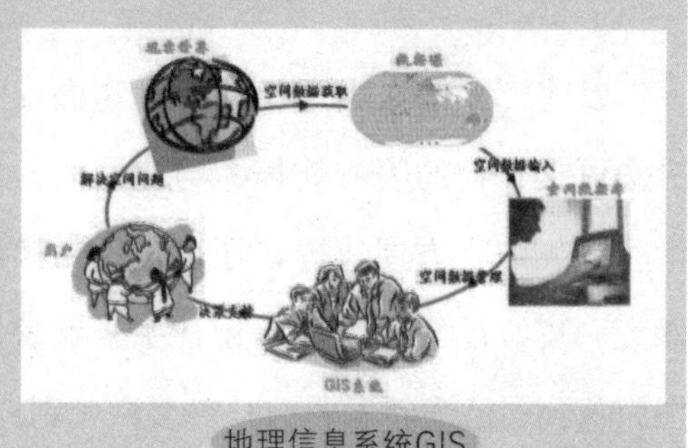

地理信息系统GIS

激光在农业上的应用

美国一家公司发明了一种使用连续波的二氧化碳激光器，工作效率非常高，可以快速为蔬菜去皮。其工作过程是这样的：用一条输送带把蔬菜从一个旋转的镜子下面输送过去，这个镜子的作用是用来反射3条激光束，激光束从蔬菜上扫过后，就把蔬菜的皮给去掉了。这个过程的道理是，利用二氧化碳的激光光线具有一个特殊的性质，就是可以很容易地被水分吸收掉。一般蔬菜或水果的皮是干燥的，而里面的果肉是潮湿的，因此，二氧化碳激光光线就能把蔬菜的外皮烧掉，遇到潮湿的果肉就自动消失掉了。

激　光

以前，人们在大规模地给食物去皮时，采用的是压力炉方法。这种方法可把食物的表皮炸掉，与此同时，也损失掉了大约15%的果实。用激光剥皮法既方便快捷，还可避免果肉的损失，可谓一举两得。目前，激光剥皮法已经成功地应用在了马铃薯的除皮流水线上，美国匹兹堡的海因茨公司已为新发明的马铃薯激光剥皮法申请了专利。

此外，激光还有给植物“按需施光”的技能。我们都知道植物的生长离不开阳光，光在植物转化淀粉和蛋白质的过程中起着非常重要的作用。既然我们可以根据植物的需要施肥，也可以根据需要“施光”。随着激光器的问世，这一设想成为了可能。激光器可以针对不同种类的农作物的不同生长期，给它们照射不同颜色和不同剂量的光。我们介绍过，用激光照射部分农作物的种子，可以提高其发芽率和出苗率。在农作物的苗期或生长期，使用适当剂量的激光照射植株，可以大大促进它的生长发育速度。这个有趣的现象被称为激光的生物刺激反应。

无论是用激光给蔬菜去皮，还是用它给植物“按需施光”，都具有极高的商业价值。

美国科研人员还研制成功了一种新型的激光除草剂，主要成分是氨基乙酰丙酸。这种除草剂完全是通过光发挥作用的，效力大，用量小，不损害农作物，对人畜无害，使用非常方便。于黄昏前喷射施用，被杂草吸收后，在光的作用下，便产生有害物质，破坏杂草的细胞膜，最后流出汁液，在4小时之内杂草就变白而枯死。除了除草外，采用激光照射蚊虫类和螨类害虫，也能将它们全部杀死。特别是采用高能激光照射农作物的害虫，轻者可以使害虫绝育，重者可以使害虫死亡，而且对环境没有污染。

美国农业科学家研究发

氨基乙酰丙酸

现，当激光照射到健康的农作物上时，就能被利用吸收进行光合作用。如果激光照射到生长不良或有病虫害的作物上时，光能不会完全被光合作用所利用，其中有一部分会分散成不同波长的冷光被反射回来。通过分析这些光的性质，就可以检测出农作物的病害，确诊病因，对症下药。

美国农业研究中心研究成功一种激光选择家畜精子性别的系统。这种系统是根据X精子染色体中的DNA比Y精子染色体中含量多，在激光照射时，X精子染色体比较明亮，由电脑记录其荧光高密度，然后在电声作用下分离开X精子和Y精子，于是选用X精子与卵子受精便生产雌畜，选用Y精子与卵子受精便生产雄畜，目前，美国已在牛、羊、猪等家畜中进行试验。

澳大利亚的养羊业非常发达，但用传统的剪刀剪羊毛费时费力，效率低。科技人员研制成功一种激光装置，利用该装置的光束代替传统的剪刀，把羊毛连根剪断，整张毛被剥下来，提高了10倍工效。

澳大利亚的牧羊

激光的应用

激光加工技术：激光加工是激光应用最有发展前途的领域之一，现在已开发出20多种激光加工技术。激光加工系统与计算机数控技术相结合可构成高效自动化加工设备，已成为企业实行适时生产的关键技术，为优质、高效和低成本的加工生产开辟了广阔的前景。

激光切割

激光切割：激光切割技术广泛应用于金属和非金属材料的加工中，可大大减少加工时间，降低加工成本，提高工件质量。

激光焊接：激光焊接，用比切割金属时功率较小的激光束，使材料熔化而不使其气化，在冷却后成为一块连续的固体结构。激光焊接技术具有溶池净化效应，能纯净焊缝金属，适用于相同和不同金属材料间的焊接。

激光雕刻：激光雕刻技术是激光加工最大的应用领域之一。用这种雕刻刀作雕刻，不管在坚硬的材料，或者是在柔软的材料上雕刻，刻划

的速度一样。倘若与计算机相配合，控制激光束移动，雕刻工作还可以自动化。激光雕刻在近年已发展至可实现亚微米雕刻，并已广泛用于微电子工业和生物工程。

激光蚀刻：激光蚀刻技术比传统的化学蚀刻技术工艺简单、可大幅度降低生产成本，可加工0.125～1微米宽的线，非常适合于超大规模集成电路的制造。

以菌治虫

以菌治虫也称微生物治虫，就是利用病原微生物防治虫害。自然生态系统中，昆虫的疾病是抑制害虫发生的一个重要因素，此外主要指微生物侵染的虫病。微生物病原有细菌、真菌、病毒、原生动物、立克次体、线虫等。尤以前三类居多，后两类极少。如利用白僵菌防治松毛虫、大豆实心虫、玉米螟在我国收效明显，生产上也用核多角体病毒防治斜纹夜蛾、桑毛虫等；苏云金杆菌早已商品化，其分支——青虫菌和杀螟杆菌也应用广泛。此法除具有同以虫治虫的相同优点外，最大弱点是杀虫效果慢，单一适用则对暴发性害虫收效不理想，必须同化学药剂配合使用，同时菌株易退化并受噬菌体污染，故而须不断筛选高效菌株，而毒力标准及其使用方法还有待进一步研究解决。

斜纹夜蛾

★ 以菌治虫的方式

以菌治虫，就是利用害虫的病原微生物(真菌、细菌、病毒)防治虫害。目前，世界上已知的病原微生物有二千多种。以菌治虫，具有繁殖快、用量少、不受植物生长期的限制、与少量化学农药混用可以增效、药效一般较长等优点，而且它们的使用范围也日益增大。但是，必须指出：有些病原微生物由于对害虫的致病性较慢，对湿度的要求较高，因此在应用上受到一定的限制。目前，可以利用的病源微生物有细菌、真菌、病毒三类。

细菌。目前应用的杀虫细菌有苏云金杆菌（包括松毛杆菌、青虫菌、杀螟杆菌，均为变种）以及在湖北发现的“7216”芽孢杆菌。这一类杀虫细菌对人、畜、植物益虫、水生生物等均无害，无残余毒性，有较好的稳定性，可与其他化学农药混用。这类细菌在昆虫取食时随料进入消化道而染病，从而使虫体软化，组织溃疡，从口及肛门流出浓臭液而死亡。

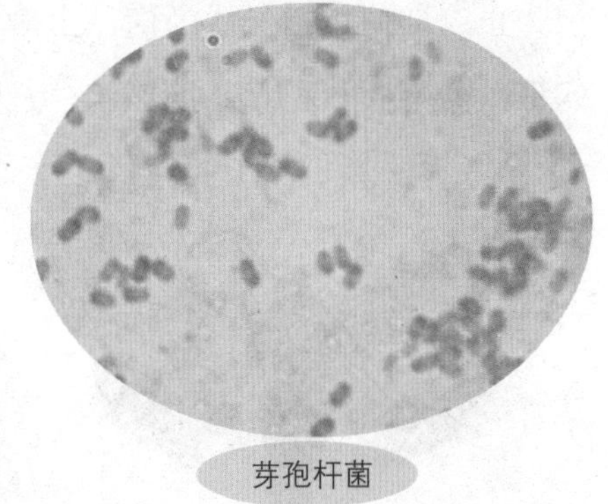
芽孢杆菌

真菌。目前主要利用的是白僵菌来防治虫害。白僵菌属半知菌类的一种虫生性真菌，能寄生在许多目、科的昆虫体上，其传播主要依靠孢子扩散和病体接触，当孢子接触虫体而且有适宜的气候条件即可萌芽，菌丝从体壁上，特别是气门、足节和口腔侵入，使虫体染病，僵硬而死，菌丝从虫尸伸出，布满在体表形成一白色丝状物，以后产生白粉

柞 蚕

状孢子向外扩散。白僵菌除了能寄生害虫外，还能寄生益虫，如家蚕、柞蚕、蜜蜂等，所以在应用时有其局限性。

病毒。利用病毒来防治虫害，此法目前还是一种比较新的方法。现在发现的可以对昆虫致病的病毒大概有三百多种。病毒对害虫有较严格的专化性。在自然界，往往只寄生一种害虫，不存在污染环境问题。而且可以长期保存，反复感染，甚至可以造成害虫的流行病，并且用量少、效果好。可是，病毒制剂还不能大批生产，主要困难是病毒不能脱离活体繁殖，因此不能像细菌、真菌那样用培养基、发酵罐生产，到目前为止，即使是已经成为商品出售的，但是如棉铃虫、甘蓝夜蛾的几种病毒，也还是得采用活虫接种老方法生产。

棉铃虫

炮灭虫

用炮生物灭虫是绿得保森林病虫害防治研究所大力推广的一项新技术，这项技术在济南市历城区唐王镇首次运用，并取得了良好的效果，开辟了以炮生物治虫的先河。对于频频发生而且形势严峻的森林病虫害，传统的防治办法是人工灭虫或者飞机布撒药粉灭虫。可是，这两种办法都有很大的局限性。森林多分布在山区、丘陵地带，人工灭虫费时费力；而且飞机灭虫成本高，低空飞行面临的撞击危险较大，出动飞机还需要繁杂的申请手续。因此，用炮弹灭虫是森林防护部门渴盼已久的一项技术。

美国白蛾

炮弹灭虫系统包括灭虫药包及布撒器。2005年，灭虫药包科研产品被国家科技局列入国家重点产品推广计划，同年11月炮灭虫被国家林业局列入重大外来林业有害生物灾害应急预案。该产品还获得了4项国家专利，其中3项为实用新型专利，1项为发明专利。

灭虫药包科研产品主要是利用灭虫药包将灭虫菌粉抛撒到树冠上方形成烟云漂浮后使菌粉附着在树叶上，达到灭虫的效果。药包材料可降

解，不污染环境。符合国家产业政策导向，填补了我国森林病虫害防治菌粉播撒方式的一项空白。

该系统产品品种类型多，可适用于丘陵、山地及地形复杂、人员不易到达的林区，具有成本低、效率高、方便快捷、机动灵活、安全可靠、防治范围大、不污染环境等特点，大大降低了工作人员的劳动强度，尤其在丘陵、陡坡和山地等人工作业和飞机喷撒难以实施的地区更显出强大的灭虫优势。

适宜炮灭虫繁殖的丘陵梯田

不仅如此，灭虫药的科研产品还可以产生良好的经济效益和社会效益，有着广阔的市场前景。它还具有其他潜在的应用价值，如农田果蔬的病虫害生物防治、草原农作物的大面积空中撒播、森林灭火和抚育工作等。

用炮灭虫，一发炮弹就能防治10亩林地。如果采用便携式布撒器，3人一组，每天可以布撒60～80发，灭虫500～600亩。大炮的炮弹里装的是白僵菌、绿僵菌、苏云金杆菌等活体真菌。这些活体菌在适合的条件下萌发，寄生在美国的白蛾等虫体上生长发育，从而把害虫的体液消耗干净，使虫体死亡。虫体死亡以后，菌丝在虫体内形成孢子，在条件成熟时，这些孢子通过虫体破裂，散发于空气当中，继续再侵染有害虫体，因此这种生物治虫方法会不断地、永续地发挥作用，长期抑制有害虫体的增长，是一种有效的林业生物防治病虫害新技术。

苏云金杆菌杀虫剂的优点

（1）对人畜无毒，使用安全。苏云金杆菌的蛋白质毒素在人和家畜、家禽的胃肠中不起作用。

（2）选择性强，不伤害天敌。苏云金杆菌只特异性地感染一定种类的昆虫，对天敌起到保护作用。

（3）不污染环境，不影响土壤微生物的活动，是一种干净的农药。

（4）连续使用，会形成害虫的疫病流行区，造成害虫病原苗的广泛传播，达到自然控制害虫数量的目的。

（5）没有残毒，生产的产品可安全食用，同时，也不改变蔬菜和果实的色泽和风味。

（6）相对而言，不易产生抗药性。